U0067894

— 品牌4.0 —

reBrand

品牌進化
實　　務

企業創新轉型新契機

活 意 行 銷 企 管 顧 問 有 限 公 司
高培偉總經理 ──────── 著

作者序

Know-How

全公開

　　某位熟絡的教授問我：「為何要寫這本書？豈不是會將自己
know-how 全部都公開了！」靜心思考似乎也對，但想分享經驗的
動念已經醞釀了多年。自己從工程業界新鮮人半路轉行自修踏入行
銷企劃領域，歷經了從研發→生產→行銷→管理的一連串市場磨
練，在因緣際會扮演企業輔導顧問與講師一職，跨領域服務了食
品、餐飲、設計、廣告、資訊、五金、能源、休閒、文化、教育、
印刷、農業、生技、健康、運輸……等等不同的產業。匆匆回首，
已在務實的社會上奮戰了將近三十多個年頭，非本科系出身的自己
總是兢兢業業地秉持「歡喜做、甘願受」的心態，做好自己該做的
本分工作，雖然著手編撰這本書似乎也違反了自己懶散的個性，然
而，有個聲音一直說服自己說：「就當是喜悅分享吧！」

　　「活用理論、管理創意」的跨界價值創新（CVI, Cross-border
Value Innovation）乃是自己企業～活意行銷企管能立足詭異多變
業界的核心能力，而閱讀本書的讀者群則是設定要分享給眾多想走
出代工路經營自我品牌的中小企業主、眾多微型創業者以及老品牌
想創新轉型的老闆們閱讀的。本書沒有任何學術理論的支撐，甚至
也說不上目前市場上任何品牌經營的主流論述，它只是在陳述自己
在產業跨域服務所觀察到及體會到的品牌經營事實。因此，本書的
付梓有可能會引起某些品牌專家學者前輩們的不悅與大罵粗淺，但
我無意挑戰任何的品牌門派理論，亦無意參與任何辯述，誰對誰錯
皆非我撰書的初衷本意，在民主自由的社會中，每個人都有他的主
張見解，請自行體會囉！

　　「品牌是什麼？」、「品牌目的為何？」、「品牌要如何經營？」……，相信這些知識文章大家在書上都讀過，若沒讀到，只要上網彈指 Google 一下，螢幕馬上就會出現許多的介紹與論述。但是，您是否有想過這些次級資料（甚至是次級的 N 次方資料）是如何產生出來的嗎？這些次級資料的應用背景，是否真的符合眾多中小企業主和眾多微型創業者所處的環境條件嗎？在真實市場上絕對只有物競天擇的**「勝者為王、敗者為寇」**的現實，您準備好面對既有品牌觀念的顛覆震撼了嗎？您有想過自己的品牌是可以「進化」的嗎？您有想過當品牌晉升到另一種境界後會是何種樣貌嗎？

品牌經營三多利

Smart Brand：

※您的品牌是否將『利』字擺中間

1. 品牌在市場市具備哪些競爭利基？
2. 品牌提供給顧客的消費利益為何？
3. 品牌能為企業創造哪些獲利模式？

1

導言

品牌與
企業經營

品牌進化 reBrand

翻轉本是生命前進的過程～

「我」就是我自己的品牌，

但有誰認識呢？

品牌是做自己還是服務客戶？

「品牌」像自己的孩子，

所以我願意花重金請知名設計師，

設計完美的整套 VI ～

一位企業主自豪的說！

但「品牌」到底是什麼？

應具備哪些條件？

是包裝設計？是名字？

是故事？還是文案呢？

是花錢？還是賺錢？

都是！

也不盡全然是～

　　「問世間品牌為何物，直教業主生死相許」，許多長官、學者、專家、企業主都說「品牌」很重要，沒錯，若您的事業想找到一個可以永續發展的市場舞臺，品牌真的超級重要，但超級重要的品牌到底該照書養還是照豬養才對？許多企業砸了不少精神和金錢在

建立品牌，但為何投資品牌的報酬率總是不佳？明明熟讀許多品牌的理論，同時都實踐了，但結果卻不是那些品牌理論所說的標準答案？也有不少企業主不懂什麼是品牌，毫無品牌章法卻不經意矇出一個會搖錢的品牌來？您是否有思考質疑過問題到底出在哪裡？有沒有可能會是我們過去學到的品牌觀念是錯的？還是我們用錯了方法？還是自己的八字、氣運不夠好、時不我予？

這幾十年來，許多學者專家都對以代工起家的臺灣中小企業不斷地呼籲說「建立品牌是企業追求的終極目標」、「品牌亦是企業精神文化的代表」、「有品牌才能創造出產品或服務的最大附加價值」，甚至主張企業必須放棄代工、全心轉型經營品牌……等等。但，品牌真的是企業經營的終極目標嗎？從經營代工要轉型經營品牌，改頭換面就行了嗎？放棄代工、全心轉型經營品牌真的能讓企業有更美好的未來嗎？如果我說「品牌只是行銷的過程與手段，不是企業經營的目的」，您敢認同嗎？

從大多數的操作型定義來說，「企業」是一個獨立的、營利性的組織，它的成立或衰敗往往取決於投資者的「獲利與否」共識上。不管您是否認同上述的操作型定義，我們都可以模擬思考一下這一個基本的問題，如果自己是創業者，從草創到成立一家具有規模的企業，自己的真正動機會是什麼？是「擁有一個品牌」嗎？若是，請容我再繼續問下去，「擁有品牌」的目的是什麼？不管最終出來的答案為何，企業這個法人組織若不能生存下去，品牌勢必會

斷了根，更別談有多少想達成的理想和目標了！何況，只要願意花點小錢去做商標註冊，任何人想要擁有多少品牌都是隨您高興，但這就能滿足您建品牌的目的嗎？

至於「品牌是企業精神文化的代表」這項似是而非的論調，當遇到貴公司有多項產品或多家事業體時，或想要經營不同屬性市場消費群時，就很難決定公司的企業精神文化到底要跟品牌 A 還是品牌 B 或是品牌 C 的風格定調了。「企業經營」＝「品牌經營」嗎？開過公司的人一定會知道，一家企業的經營重點要協調股東與員工之間的利益關係，以及協調企業與客戶之間的利益關係，這就不會僅是「品牌經營」所涉及的範疇了。您會讓品牌的位階在企業的頭上嗎？品牌和企業之間的關係到底為何？誰是主、誰是僕？可以好好地再想想囉！

再回到品牌這個議題核心上，筆者從多年企業經營診斷的角度來分析與觀察，大部分企業主通常對品牌認知有以下四大迷失：

1. **理論一定是對的**：理論沒有不好，要看您會不會活用。所謂的理論是有人（他未必是參與者）將過去發生過的事物彙整、歸納、推論成一個通則，這個通則或許可以代表過去的經驗常模，但跟當時相較，現在的市場環境條件已有變遷，我們自己所處的產業競爭位階不同，能操控的資源也迥然不同，更何況客戶端的結構亦有所改變，當物換星移後，時空環境與顧客需

求不同了，即使賣的產品一樣，前人的經驗僅能當參考，但未必可以完全套用。

2. **案例一定是真的**：外行人看熱鬧、內行人看門道，檯面上給大家看熱鬧的眾多成功操作品牌案例，有可能是經過截頭去尾的縮影變裝，也有可能是企業對外的廣宣包裝文稿，更有可能是為了某個特定目的所專門撰寫的假新聞，有幾成是真實的沒有人知道。大家都知道企業經營的真正眉角與撇步是不輕易就公開外傳的，而且這些案例的作者及傳授者也不一定親身經歷過，只是道聽途說、依樣畫葫蘆而已，但未必是完整的真相。

3. **複製一定是好的**：雖說複製前人的成功經驗可以讓自己少走幾趟冤枉路、少繳幾次學費，但您可知道書本上許多品牌成功模組都是以國際知名企業為範本，通常這些國際知名企業的成功模組都是在大通路、大市場上經營的大資本操作，他們在此市場舞臺上也具有相當大的經濟規模與品牌知名度優勢，而這些做法對品牌剛萌芽的中小企業而言簡直是望山跑死馬，一味崇拜、模仿學習就猶如小孩穿大衣或東施效顰，未必完全有效。

4. **品牌一定會賺的**：當看到別人的品牌在撈金時，自己難免會心動。但不少從製造業起家的業主渾然不知玩品牌是一場不公平的賭局，不僅談機率，面對變化莫測的莊家與許多同局玩家的出招，還有環伺的品牌周邊專門抽佣的服務者也是另類隱形莊

家，想勝出，自己的實力、經驗與前瞻相當重要，想通殺，則比登天還難。從大數法則來看，輕言下場玩品牌如同庶民買彩券玩樂透，槓龜機率遠遠高於中獎機率，品牌之路有夢最美，但未必能完全成真。

古有言：「長江後浪推前浪，江山代有才人出，一代新人換舊人，各領風騷數百年。」在現實市場上，品牌的興衰迭替是常態，若不想成為未來死在市場沙灘上的品牌、被過去品牌觀念綁架，若想真正了解品牌、操控品牌、成為品牌贏家，我們就必須重新以「品牌本無物」的心態來做歸零思考，才能在規劃品牌、經營品牌時隨心所欲無罣礙。本書要談的是品牌的未來、品牌的進化，請試著把過去已習知的品牌樣貌放兩旁，回到品牌經營本心來重新思考「什麼是品牌？」、「品牌做何用？」、「沒品牌行嗎？」。

在此，筆者以多年來在品牌經營與輔導的實務，分享在現實市場上的品牌會是什麼樣子？經營品牌常犯的錯誤有哪些？該透過哪些創新轉型的方法來進化品牌的競爭力？也許有可能會如尼古拉‧哥白尼（Nikolaj Kopernik）提出太陽是宇宙的中心而不是地球的「日心說」般被理論衛道者批評是異言者，但您若是想在市場上操作品牌成為最後贏家，別忘了，「生存」才是做品牌的不變道理！

2
品牌
戰鬥力

當錦毛鼠遇上了貓

當唐吉訶德撞上了風車

當小蝦米對上了大鯨魚

當北方菜拼上了南方料理

當東方不敗碰上了西方不敗

人生戰鬥無時無刻不在

為了愛、為了嗨

也為了有交待

面對理想與現實

面對面子與裡子

從想法到做法

從創意與生意

從借力到使力

從看戲到演戲

從價格到價值

為了築未來、為了搶藍海

更為了全公司的生涯

品牌之戰方興未艾

reBrand

■ 您的品牌戰鬥力值有多少？

「市場上只有成王敗寇，沒有是非對錯！」我們常從媒體報導或個案研究上看到許多知名企業的品牌發展故事，以及當今在檯面上光鮮亮麗的成就，除了羨慕這些功成名就者的先知先覺以外，是否也會讓自己產生「我早就知道」的先知卻不覺的後悔？或是「恨不得早知道」的後知後覺的遺憾？但，您是否有想過，他們的發展歷程當真如媒體報導或個案研究分析所敘述那樣般地如意順暢嗎？這些次級文獻資料會不會是被修飾過的假資訊？他們真正成功的關鍵影響要素為何？想達到這些品牌成功的境界，我們還缺了哪一步沒做到？將他們的品牌經驗複製了就一定會成功嗎？

為何「品牌」會讓眾多的企業主如此著迷、嚮往？擁有一個強勢的品牌無論在面子或裡子上都有讓人無法抵抗的致命吸引力，猶如 iPhone 手機即使價格貴且款式少，卻往往能占有以下十大讓競爭者與追隨者羨慕的品牌領導者優勢：

1. **生意好**：品牌商品好賣且價格漂亮。
2. **優先權**：易培植消費印象與優先選購偏好。
3. **帶流行**：易與消費大眾建立溝通共同語言或帶領風潮。
4. **地位高**：有助於提升企業及個人形象，取得溝通談判的優勢地位。
5. **資源多**：有助於吸引媒體與公部門的關注，取得更多傳播資

源。

6. **籌碼佳**：有助於與通路或異業合作取得較佳的交換籌碼。

7. **易徵才**：有助於引進優質的人才或合作團隊。

8. **擋競業**：可建構阻礙競爭者進入市場發展的門檻。

9. **好延展**：可延續資源轉嫁給新產品，或是擴張至新市場。

10. **當資產**：可當企業資產來發展品牌授權，甚至是品牌移轉賣錢。

　　故擁有一個強勢的品牌好處多多，您想要這些好處嗎？答案應該是肯定的，但前提是您的品牌必須先達到「強勢」的地位，方能享有以上的特權，在未達到強勢地位資格以前，這些特權好處都只是一廂情願的幻想而已，這也是許多投資品牌的企業主可能發生的顛倒因果地「品牌自戀迷失」，誤以為只要有品牌就能為所欲為了，這也是品牌鼓吹者一直沒有說出的真相，直到企業主親自下海投資品牌，才發現殘酷的市場事實與書刊敘述的美好故事完全是兩回事！

　　為何您的品牌出師未捷身先死？品牌是企業爭奪市場的武器，亦是占地立威的軍旗，但別忘了戰場上一定會潛伏著敵人、陷阱還有死神，您的品牌若是不具備實戰力的弱雞，將無法協助企業衝鋒陷陣、攻城掠地，沒養大養壯前別期待能立下好戰功。所以在現實市場的弱肉強食下，只有花拳繡腿、光鮮亮麗品牌，如果真正的戰鬥力數值偏低，當面對無情的市場競爭 PK 時，您拿著菜刀對抗競

爭者的槍砲，縱使濃妝豔抹或是以弱勢悲情登場，勢必還是淪為砲灰，這指的會是您的品牌嗎？但，這不該是要設計師扛的責任！

想提高品牌力戰鬥力很多元，首先必須了解如何計算出您的品牌戰鬥力數值多寡？依活意行銷企管長期對市場實戰輔導的經驗分析發現，常使業主悔不當初且容易死在市場上的品牌通常有三大罩門死穴，近 40% 的致死率產生在「品牌產品力」不足上，近 50% 的致死率產生在「品牌經營力」不足，其他則為「品牌前瞻力」跟不上市場潮流變化。而在品牌產品力不足中有約 70% 常見的問題集中在「品質力」、「價值力」與「淨利力」的內在美缺陷，其次才是「訴求力」、「視覺力」及「包裝力」等外在美的強度偏弱問題。在品牌經營力不足當中，又可區分為「策略力」、「資源力」、「組織力」、「獲利力」、「應變力」等企業內部基本功沒做好，以及「市場力」、「通路力」、「行銷力」、「競爭力」、「合作力」等企業外部布局工夫沒做好的疏失，以下筆者以實際案例逐項說明。

◼ 品質力

在資訊透明的時代，品質不到位或是不穩定，無疑是顆未爆彈，也是對品牌忠實顧客最大的情感傷害，隨時能將您辛苦幾十年建立的品牌炸個屍骨無存，如同近年來許多食安事件證實了這項道

理。因此產品品質沒做好，猶如徒有產品的外形卻無產品的靈魂，缺乏可以讓客戶魂牽夢縈的回味、想念及信任，一次性消費後就說bye-bye，與其無法善終，甚至每天得擔心而寢食難安，那就乾脆不要奢言做品牌了！

這是筆者輔導品牌的原則，即使是行銷輔導合約，我們一定先從產品品質檢視做起，必要時先協助改善產品、流程，待品質到位且穩定之後，再開始展開品牌的市場區隔、目標客層、定位策略與行銷推廣；品質不做好就猛衝行銷會讓品牌更早夭折，浪費了彼此時間做白工且難有產值成效，若業主不願意面對此危機，筆者也不再繼續輔導下去。

◾ 價值力

在物質不匱乏及網路資訊豐沛的生活環境，吃巧重於吃飽，客戶期待的是我們的專業產品與專業服務，什麼都有、什麼都賣已不再具有吸引顧客上門的魅力，過多而無用的產品功能或產品選擇反而是造成顧客選購的困擾，故從未來市場潮流趨勢推論之，品牌／產品／服務的核心價值都貴在精、不在多，顧客認知的價值VS. 廠商訂定的價格才是顧客是否有意願買單的決定因素。

這印證在當筆者將一家店的服務品項數，從雜七雜八的半百數

reBrand

量精簡成有特色的個位數量時，即使絕大多數的業主都相當不捨，但當這家店轉型為具有獨家特色賣點的專賣店之後，讓民眾清楚認知到這家店值得來消費的專業價值，營收反而呈現倍數成長，耗損亦會相對降低、原物料採購也會有議價空間。但品項精簡的工程必須分析營業報表、經過精算來決定哪些品項的取與捨，最忌諱憑直覺喜好就揮刀亂砍，砍錯了不僅得不到上述營收與利潤的紅利，反而會徒增營運的風險。

◼ 淨利力

「砍頭的生意有人做，賠錢的生意沒人做。」許多看似風光的企業會瞬間瓦解的原因，大多產生在猛衝營業額的成長，卻沒有正值的獲利來支撐營運開銷。規模做的越大，即使找到創投資金挹注，沒有淨利來養活自己，沒注意到財報中岌岌可危的營利數字，遲早還是得面對彈盡援絕的窘境。對上市公司來說，營業額與淨利相同重要，但對非上市的中小企業來說，淨利才是能否維繫生存的重點。

就如之前某個網購夯商品，看似有銷售毛利但漏算了間接成本及投資折舊攤提，雖然網路訂單滿到令人咋舌，財務終因週轉調度的時差出現破洞，資金缺口也隨著銀行抽銀根而如同滾雪球般擴大，最後只能跟辛苦多年打下的品牌天下與客戶訂單說 bye-bye。

經營品牌是需要長期投資作戰，也隨時會面臨不測風雲，沒精算好
稅後淨利與現金流，生意做越大時待爆的財務炸彈也就會隨之膨
脹，這會比行走在刀鋒上更危險。

■ 訴 求 力

以製造為導向、注重 Cost-down 的傳統工業時代早已遠離，
消費者真正所關心在意的只有屬於自身的利益，而非廠商在意的經
營理念、生產成本、獨家技術、製造設備或內部激勵口號，這就是
所謂消費導向時代的來臨。若不想犧牲利潤玩拼價，就必須讓品牌
／產品／服務的功能訴求契合消費者的內心需求，唯有從 Value-
up「創價」著手，品牌的訴求須抓到顧客的需求，再由顧客的滿
意轉成口耳相傳的口碑，價格就不會是市場攻略上的頭痛問題了。

十多年前筆者曾輔導烘焙業者將一塊糕點縮小成 2/3 尺寸且價
格反向拉抬提高 25%，從老一輩的觀感來說無疑是偷工減料的做
法，結果卻是跌破大家的眼鏡讓銷量大幅成長三倍之多，相對增加
的獲利更不在話下；眉角說穿了很簡單，就在於原先量大實在的慷
慨規格訴求非其目標客層年輕女孩之精緻型消費行為所想要的，凡
事做到剛剛好最容易讓顧客下手買單，過猶不及都不是好事！

■ 視覺力

設計的責任是要幫企業引客上門及賺加值的錢,所以必須顧及市場的偏好與競爭比較,絕非單憑企業主或設計師的個人喜好來決定,也不該只是在電腦螢幕上看稿就能拍版定案。好的品牌視覺設計基本條件是必須要有外顯的視覺辨識度,才有益於吸引消費者優先注意與印象,其次為視覺價值的烘托,將可以讓行銷傳播效果事半功倍。缺乏視覺辨識度及視覺價值的設計作品到市場後,很快就會被消費者忽略。

有一家門市新設計的 VIS(Visual Identity System,視覺辨識系統)被筆者秒退,雖然設計師提了許多的設計說明及文青風訴求,但將它模擬擺放在整排店面中不僅不醒目,亦無法吸引目標顧客目光與好感印象;顧客對品牌認知的速度攸關與品牌的經營成本與推廣效能,越有內涵的設計創意,若需要消費大眾慢慢咀嚼才能品嘗出味道,無異業主得再投資許多廣宣預算對消費者來教育詮釋此設計內涵,這些都會讓經營成本墊高且阻礙品牌的擴散性,不利於衝動消費型門市的引流。故,再多的創意卻沒有視覺辨識度的作品,不僅無法幫助企業賺錢,還會扯後腿讓企業的努力大打折扣,您會接受花大錢做 VIS 卻幫倒忙的設計嗎?

◾ 包裝力

　　人要衣裝，佛要金裝。美國廣告大師大衛 • 奧格威（David Ogilvy）曾提出「廣告 3B 原則」：Beauty（美人）、Baby（幼兒）、Beast（動物）是在廣告創作中，最容易獲得感知效果及情感誘發的表現技巧，但吸引消費者目光不等於會買單。有漂亮的包裝大家都會欣賞，該如何進階從膜拜導引到讓顧客願意消費買單，才是做包裝的首要任務；所以一個成功的包裝除了要能 catch-eye 外，更要具備吸引客消費的功能，甚至產生願意加價購買的意願，所以包裝好不好看，請多多傾聽目標消費者的心聲。

　　曾經幫客戶引進一款新風格禮盒包裝，由於不是業主喜歡的格調，所以業主一開始很不看好這款禮盒，但當它上市大賣且包裝設計得獎之後，轉眼就變成業主拎著四處跑的炫耀物品，之前對包裝設計風格的不對味早就成過往雲煙了。俗話說：「青菜蘿蔔各有所好。」誰才是決定包裝的真正 BOSS？絕對不會是設計師，也不會是業主，更不會是評審，而是願意消費將它買回家的顧客。叫座遠比叫好更重要！

◪ 策略力

　　不少業主聽不太懂什麼是「策略」，總以為是聊出來的創意點子，其實策略與創意有天壤之別，簡單來說，創意是以創新的點子來做市場的探險，而策略就是選擇出該做的事與不該做的事的準則。策略的屬性是「計畫的」、「連續的」，策略是對顧客、也對競爭者展開市場戰鬥的指導原則，沒有策略猶如在市場湍流行舟卻無方向舵，只能隨波逐流。一個好的策略不僅要能洞燭機先，以及運籌帷幄的布陣，更重要的是如何在有限的資源下，進行得失風險評估，判斷捨與得的抉擇。

　　有一位上市公司老董在品牌更新的過程中，一意孤行非要執行他的情緒方案不可，直到收到第一線業務十萬火急求援、面臨市場商機大幅流失後，才願意恢復執行筆者一年前早已規劃的新舊品牌銜接策略，但這一年來走錯的路已讓公司直接營業損失超過十億，間接商機損失則更龐大。綜觀市場上大多數陣亡的品牌案例，不是沒方向，就是抱著分散風險的偏安心態，或什麼都想要的貪婪心態，囫圇吞下企業無法消化的理想，勢必以撐死、哽死、忙死來收場。您的品牌策略為何呢？請務必將它寫下來並往下展開落實推動。

◣ 資 源 力

　　若將資源的定義侷限在經費預算上，絕對是大錯特錯的觀念，只要能被拿來善用的人、事、時、地、物，每一項都可以被納入資源的範圍。資源能完全掌控在自己手中是上策，但若懂得善用別人資源、借力使力更是上上策。許多業主總是提不出自己可用的資源有哪些，茫然追求不屬於自己且不可控制的資源，許多品牌經理人亦常犯相同的錯誤，老是要求老闆提供無法兌現的資源，甚至不知道自己手上明明握有好牌而不用，深感可惜。

　　多年前有位陸生想返鄉後打算創業開店賣手搖飲料，盤點發現該員家中無橫產、土地、資材、生意，該員也沒開店賣手搖飲料的經驗，筆者最後僅盤點出其能來臺當交換生是借助於當書記的舅舅安排，您會建議該員如何發展事業呢？也有許多新手業務為不認識企業客戶採購而傷腦筋，卻忽略利用自己的老闆縱橫商場數十年所建立的人脈關係，不懂得直接利用客戶企業內部的影響力，硬要去撞採購的牆，當然會撞出滿頭包來。資源不僅僅是金錢、物資而已，所謂「有關係就沒關係、沒關係就有關係」，會用的處處都是好資源，好好盤點一下自己及周遭親友、同事、老闆的口袋資源吧，他們都會是將品牌順利推上檯面的好助手！

A.管理哲學～管理是【服務】

B.管理折學～管理是【管制】

👆 您的『管理』是採取哪種模式？

■ 組織力

除非滿足現狀，否則企業想壯大，就不能再靠草創時期的一個人身兼數職的單兵作戰方式，要知道分工與合作方是成功攻占下更大市場的重要戰力。組織建制與管理是一門協同作戰的藝術，且需要隨著企業成長而隨時因應調整組織架構與任務職掌，筆者稱之為「變形蟲組織」，故組織型態絕非一成不變的，微型企業、中小企業也絕非拿上市公司的組織編制來套用就好用，有組織分工卻不懂得合作更是枉然。

　　曾有位業主跟每位輔導顧問都索取 SOP（Standard Operating Procedures，標準作業程序），但十年光陰過去了，這家企業依然在原地踏步，擁有滿手各式各樣的 SOP 卻無法讓這家企業成長，原因就在於這些外來的 SOP 都不屬於該企業的，反而卡住了企業組織發展的活力。組織管理重在「協助」非「管制」，猶如下象棋，每一隻棋子都是有它特定的能力與任務，想將軍對手，就得統整大家的能力來調度布局、卡位、誘敵……。企業的五管組織～產、銷、人、發、財雖有各自明訂的任務職掌，實質上卻是彼此相輔相成的，合者共榮、分者共亡，您要選擇哪一者呢？

■ 獲利力

　　品牌的價值創造不是只有表現在品牌商品直接銷售上這麼單純而已，任何品牌的經營企劃也不能只有論述花錢的事（如設計、包裝、廣宣、代言……），卻沒有具體且可行的獲利商業模式組合規劃，這樣的品牌企劃書是完全不及格的。在許多市場案例中，擺明掛羊頭賣狗肉，但衍生的周邊效益貢獻並不亞於本業的營收，如某些大型餐飲品牌開店的背後，其實是隱藏著地產開發的目的，店面的經營只要不賠錢，股東就能穩賺大錢。

　　故，真正賺大錢的商業獲利模式是不會輕易上檯面的，唯獨住巷子裡的人（內行人）才會知道背後還隱藏著哪些大商機在經營。

又如有食品業者大方地請試吃，形成每日門庭若市的排隊人氣，不少沒摸清楚其獲利門道的同業盲目追隨者跟著做、比慷慨，執行後才發現每天必須送出成本高達兩、三萬元的試吃成本，結果是落入其消耗戰陷阱、提前破產出局下場！免費的最貴，當下許多看似免費的服務，您可知道他們在靠什麼賺大錢的嗎？您可知道他們這樣做的資金靠山為何嗎？沒搞清楚門道之前，請勿輕易模仿！

◪ 應變力

沒有人可以 100% 預測老天爺的心情，當計畫跟不上變化時，我們還需要做計畫嗎？所有的計畫都是預設在某些環境條件下來規劃的，並非無中生有，但勢必存在一些不可控制的變因。因有所本，所以當面臨變化時，只要從變因項目來做計畫修訂即可因應；若無所本，狀況發生時就會無所適從，鐵定亂了方寸。所以在詭譎多變的市場競爭環境下，應變能力將會決定最後勝出的是誰。

在品牌輔導的過程中 PDCA（Plan-Do-Check-Action）的管理循環比創意發想更重要，如當強颱來襲時，大多數業者想到的都是如何降低災害損失，但與其抱怨老天爺影響做生意，不如好好掌握路徑與影響預報來提前調度區域庫存與備貨，將能較同業有機會賺一筆不能明講的災難財！企業需要的是能解決問題、應變問題的人才，在難以預料的競爭變數中，應變能力也將決定您在與同級業

者間最後誰能奪標的真實力,有好的應變力一樣可以彌補無法先知先覺的不足。

◢ 市 場 力

　　市場既然是人為的,在自由競爭下的市場中,生意好壞關係在於自己的投入與努力程度,以及對市場內目標客群需求的掌握度,故不景氣下依然有景氣的生意,市場到底是藍海還是紅海,是由我們自己來決定的,若聽別人喊燒就盲目跳海,俗稱「蛋塔效應」,這些人通常會成為淹死的青暝老鼠。所謂市場力要談的是相對比較值(非絕對值)的畫地為王市場區隔觀念,沒有不能做的市場與生意,在於您是否有能力來經營它、占領它。

　　當輔導客戶告知新門市已落腳在郊區時,大家看到的是非市集的劣勢事實,但我們卻以提供在地不足的日常需求服務來推動立地商圈的集市行銷,重新以在地服務的消費利基來定位這家門市,反而能輕易經營成為打遍方圓數公里內的獨門生意。市場的問題永遠存在,與其抱怨,不如好好地找出有利於自己發展的優勢來切入,才有辦法轉化危機成為自己的商機,這才是真正品牌 STP(Segmenting/Targeting/Positioning)的奧義與應用。

◾ 通 路 力

　　通路是連結品牌商品和目標顧客之間的重要渠道橋梁，也可以當成是將我們跟顧客送作堆的媒人婆，不管是有形通路還是無形通路，再好的產品與品牌沒有對的通路，產品與品牌就難以開花結果。雖然在「通路為王」的時代，但合作前必須先確認這個通路主的資訊，過多的通路或者不對盤的通路將會浪費分散了我們有限資源，唯有選擇有效通路來聚焦經營才是能在市場生存獲利的王道。

　　曾受命解救一款即將放棄臺灣市場的國際品牌，面對低迴轉造成的排面差、即期品多……等等負面問題全浮上檯面，我們大膽割捨 80% 產值不佳的通路，將微薄的業務人力與行銷預算全數集中深耕 A 級通路 only；因為通路深耕服務且資源聚焦，成功地在這些 A 級通路創造出高迴轉的產值，逆轉了將退出臺灣市場的預期，讓這個國際品牌從此鹹魚翻身，年年達成三成以上的營收成長！雖說現在是通路為王的局面，但我們必須要有不被通路左右而能倒過來左右通路的企圖心與能力，才能成為具有掌控通路力的贏家。

◾ 行 銷 力

　　行銷是將我們的優點推薦給目標顧客的工具，也是左右顧客購買意願的影響力之一，行銷力的表現在於最終績效的產出，找網紅

或辦促銷或買廣告都只是行銷工具之一，但不是唯一；有些行銷人，理想多於實際，徒有花錢的想法卻欠缺賺錢的做法，能具備開創市場的及格品牌行銷提案能力者寥寥無幾。一個好的行銷必須主題明確、標的聚焦、命中客層與報酬率佳，在市場實戰中，行銷人員也必須涉獵生產、人事、研發、財務等其他企業四管，才能擬訂出務實有效的行銷 4P 策略，更必須懂得「用兵之道，攻心為上，攻城為下」的品牌推力道理，單靠價格戰的拉力廝殺是條不歸路，對品牌永續經營更是負面效果。

在景氣不佳下，當三千元的桌菜業績不理想時，我們否決主管們想降價拉生意的念頭，輔導客戶逆向推出萬元特色桌席，透過行銷話題結合時事議題與公部門資源的布局，推廣萬元主題桌席的獨家特色與高 CP 值，吸引許多顧客遠道專程來指名消費，不僅打破大家眼鏡、創下歷史新高的營收，也達成董事長賦予的不可能任務！能將品牌商品賣的又貴且賣的又好，才算是行銷人員的真本事，這也是企業願意花錢投資品牌與投資行銷人才的真正目的。

■ 競爭力

自古以來，萬物皆無時無刻為生存而彼此競爭、追求自我的進步與成長，當一家企業漠視競爭者的存在，閉門傲稱擁有獨家無敵的商品時，往往就是其競爭力敗壞的開始。大家都從課堂上學

SWOT 競爭力分析或五力分析等技法時，亦必須知道分析技法只是個單純的靜態工具，真正的競爭力是在市場上全方位動態 PK 實戰表現出來的，如何善用手中的牌遣兵調將決戰市場上所有對手，才是勝負關鍵。

即使是輔導一家小小工業五金產品製造業者，我們用孫子兵法「以君之下駟與彼上駟，取君上駟與彼中駟，取君中駟與彼下駟」的手法，釐清業者自我的核心能力、目標客層的消費心理，以及分析同質性競爭者的能耐後，從 SWOT 競爭力分析找出趨吉避凶之策，依然能以小蝦米對抗大鯨魚之勢，成為代表產業市場中的 MIT 品牌霸主，亦同步置入了 Google 搜尋的關鍵字，沒花錢買關鍵字廣告就讓追求高質感的目標客戶主動地找上門來。找出具有競爭優勢的區隔市場，插上領導品牌旗幟，想要成為事半功倍的競爭贏家其實也沒那麼複雜！

■ 合作力

俗話說：「借力使力，不費力！」品牌戰鬥力並非單獨靠自己埋頭蠻幹，就能打敗所有同業與異業而吃下整個市場，與其讓每個人都成為您的競爭對手，讓自己陷入四面楚歌的危機情勢，不如思考如何施展合縱連橫之策，讓競爭對手成為您的發展助手，同心協力來進攻新市場，將市場餅做大遠比一票人搶食小餅來的更有意

義，這就是所謂「不是敵人就是朋友」的道理。

　　一家輔導客戶的新品牌、新產品與店面都準備好了，筆者要他做的第一件事是以喜悅分享的心態去做**「敦親睦鄰」**的事，分送好吃的新品及療癒的品牌Ｔ恤，當鄉親們都吃人嘴軟、拿人手短後，自然就會適時跟親友或客人推薦這家產品，幫忙引客到店消費，所以這家業者成為在地的代表名產也就順理成章了！五力分析中提醒大家要注意來自對手、上游供應商、下游客戶、潛在進入者及替代者的威脅，但若從逆向思考，我們是否能將這些威脅者轉變成自己事業經營的助力？將「五力」轉變成「吾力」，不管是垂直整合還是水平整合，「讓利」與「多贏」都是規劃執行的成功不二法門；若只想獨善其身或占盡別人便宜的人，永遠甭想有資格被捧為龍頭老大的。

◼ 創造力

　　您的品牌是否有擬訂出五年的發展計畫嗎？為了達成五年後的目標，您得創造出什麼樣的優勢來？創造力絕非無病呻吟、無中生有出來的，創造力是為了打破眼前發展的僵局而生，所以最終目的是為了創造未來的商機，因此在創造之前我們就必須要具備洞察先機的能力以及擬訂出具體明確的目標方向才行。一個好的創造力可以讓企業上天堂，但偏門的創造力則會讓企業遍體鱗傷，因此創造

力要被管理，千萬別隨意放飛，否則再好的創意點子也會變成企業惡夢的開始。

　　某位碩博士學歷的企二代為了求接班表現，花了鉅資重新設計了品牌 VI、開模專屬包裝容器與一口氣鋪貨上架全部超市與量販通路，品牌名稱也刻意用 A 國語言譯成的 B 國語言譯音，再轉成獨家創造的中文名，亦撥出一筆不菲的預算來交由設計公司買廣告做創意傳播行銷。等一年後認賠退出市場時，連內部員工都說還無法順利唸出這個很有創造力的品牌名字，更別提消費者對該產品的認知溝通了。他幫企業創造了什麼呢？幫消費者又創造了什麼利益？創意是兩面刃，認不清刀鋒該向哪時就逞強拿來上戰場，鐵定會變成自殘的創傷！

◼ 執行力

　　大家都知道「坐而言，不如起而行」的道理，但若一味引經據典、聽別人說，不曾親自下海試水溫，就永遠會是只懂岸上觀浪看熱鬧的門外漢。為何臺灣上百家的觀光工廠都花了不少錢配合規定取得認證，卻不是獲利的保證？因為大部分規劃者缺乏實務營運觀光工廠的經驗，大多數的業者都聽話執行了華麗的硬體建設、廣宣引客活動、安排 DIY 課程與參觀導覽路線，當然也少不了設置零售消費賣場，但鮮少有規劃如何將參觀者口袋掏出更多錢或後續回

購的商模執行方案，少了執行這樣的收割步驟，當然賺不了錢！

　　曾輔導一家知名的休閒園區，在天時與地利皆佳且園區頗具觀光特色的狀況下，參觀遊客滿到得排長龍上小時方能入園，但悲哀的是人氣雖旺、遊客消費力卻偏低，後來雖然找出了問題所在，也規劃出提升消費購買力的解決方案，卻因園區經理人堅持己見、虛應改善方案，成效一直無法彰顯，直到換了個肯落實執行輔導建議的經理人，不到一年，人均客單成長五倍且人流不變，業績與利潤立馬翻數倍成長，從虧損轉盈餘。所以即使有再好的創意規劃，沒有好的執行力，到頭來終究還是一場空！

　　一個品牌會興盛或陣亡必有因，冰凍三尺非一日之寒，想做好品牌或救品牌，就務必從下張圖表中先自行或請專家協助好好診斷自己的不足點或缺失問題有哪些，勇於面對問題方能解決問題，再對症下藥來提升品牌戰鬥力，千萬別病急亂投醫或是隱藏痼疾，更別把品牌成功與否的重責大任全盤丟給視覺設計師包辦，隔行如隔山，很可能藥到命除的！

reBrand

品牌戰鬥力

產品力

經營力

內在美

外在美

內功

外功

品質

訴求

策略

市場

價值

品牌

資源

通路

利潤

包裝

組織

行銷

獲利

競爭

應變

合作

品牌夢工廠®

www.foryou.tw

我的品牌戰鬥力　簡易自我診斷表

大分類	中分類	評分項目	相當佳（5分）	佳（4分）	尚可（3分）	欠佳（2）	不佳（1）	未執行（0）	得分
品牌產品力	內在美	品質控管							
		價值創造							
		淨利產出							
	外在美	賣點訴求							
		品牌視覺							
		包裝價值							
品牌經營力	內功	策略布局							
		資源整合							
		組織戰力							
		獲利模式							
		應變能力							
	外功	市場管理							
		通路賣力							
		行銷效力							
		競爭卡位							
		合縱連橫							
品牌前瞻力		產業創新							
		執行能力							
總　　分									

· 據實填寫自我診斷表完了，您就會很清楚知道自己的品牌戰鬥力缺口到底在哪了！

· 診斷完自己品牌戰鬥力數值後才是真正功課（問題）的開始，該採取何種趨吉避凶策略來放大既有優勢的戰鬥力項目，以及如何提升改善有缺陷的戰鬥力項目，將會是品牌經理人的重點管理要務。

· 若企業的品牌經理人只懂得買廣告與辦促銷，您可以考慮將他降階減薪了，然後自己也去好好面壁吧！

3

品牌經營
老實說

經營品牌是場豪賭

也是一翻兩瞪眼的實戰

從不存在公平競爭的正義

品牌之路是場無止境的馬拉松賽

今天的超前無法保證明日的成就與收成

沒有做好心理與足夠資源的投入準備

沒有了解市場競爭的遊戲規則

與成王敗寇的殘酷

沒有抓到目標顧客的內心消費需求

與時勢潮流趨勢

—— 請勿輕易下場！

■ 面對品牌的虛與實，洞見未來的真與假

　　藉用金庸小說倚天屠龍記中的九陽真經口訣：「他自狠來他自惡，我自一口真氣足。」不論做何種生意，不管是經營何種通路，想透過品牌來加持、多賺點錢，就必須先充實品牌的競爭實力不可。所以不管是大企業或是小廠商，在把完品牌脈、探問營運體質虛實後，筆者都會從養四大真氣來著手灌頂輔導～

1. 「**會生氣**」：培養能引客重複消費的好賣點氣色；一次性消費是致命的警訊。

2. 「**能聚氣**」：培養能創造常態上門的好客流氣運；來客數起伏大容易餓肚皮。

3. 「**接地氣**」：培養能深耕立店商圈的好關係氣場；親和力不足註定孤獨而亡。

4. 「**納財氣**」：培養能建立綜效獲利的好商模氣流；賺錢不懂方法很難不賠錢。

　　四氣若不足，很容易上氣接不了下氣，若缺兩氣以上，斷氣就會是遲早的事！做品牌就是如此，少了固本真氣，學再多的理論招式、搞再多的形象裝扮，只能讓您裝笑一時，無法讓您真正笑傲江湖！

　　品牌在市場競爭是相當殘酷無情的，過度同溫層的取暖反而會讓品牌陷於危機而不自知。故，想將品牌做成功，您非得先了解品牌的真實一面不可，讓我們將過去對品牌的幻想面拉回市場的現實面吧！筆者在此整理條列出二十四則大家最想問品牌的問題，試著用您最直覺的內心語言來回答它吧！

Q1. 先有品牌還是先有生意？

Ans：_____

生意好了，品牌就會好

品牌好了，生意會更好

誰是因？誰是果？

Q2. 沒有品牌名怎麼活？

Ans：_____

品牌是為了提供顧客一個記憶點

即使沒有品牌名，顧客還是會自動Tag您

Q3. 養品牌是燒錢還是賺錢？

Ans：_____

養品牌一定是要花錢

品牌要養大了，它才能賺錢養我們

 品牌夢工廠® www.foryou.tw

Q4. 品牌是目的還是手段？

Ans：_____

企業經營的目的唯二

[獲利] 和 [永續]

其它的都是過程和手段

Q5. 品牌是要給誰用的？

Ans：_____

我們是品牌的擁有者

使用者卻是顧客

老闆的爽 ≠ 顧客的愛

Q6. 品牌要如何創造價值？

Ans：_____

命名與圖騰設計都只是品牌的打扮

經營能被顧客利用的價值

才是品牌生存之道

品牌夢工廠® www.foryou.tw

Q7. 品牌到底是啥東西？

Ans：_____

品牌不是東西

它是一種態度與承諾

更是一種與顧客交心的管道

Q8. 品牌要如何操作？

Ans：_____

當賦予品牌靈性時

它自然就會帶您找到 市場的契機處

Q9. 有品牌＝賺大錢？

Ans：_____

品牌還沒養大之前

都是100%賠錢貨

品牌夢工廠® www.foryou.tw

Q10. 包裝設計＝品牌？

Ans：_____

視覺設計漂亮 有利於相親

能否長相廝守

上相也無法打包票

Q11. 設計vs.品牌的關係？

Ans：_____

品牌要有經營策略

由策略下來發展產品

產品須靠設計來美化

Q12. 品牌有哪些？

Ans：_____

產品品牌非唯一！製造品牌當保證

通路品牌總稱王！服務品牌買人心

reBrand

Q13. 好設計＝好品牌？

Ans：_____

會抓鼠的才是好貓
即使視覺設計不怎麼樣
能賺錢的都是好品牌

Q14. 品牌價值＝包裝？

Ans：_____

價值是由顧客所認定
猛往自己臉上貼的…通常只是面膜

Q15. 經營品牌的勇氣？

Ans：_____

經營品牌的勇氣
要先面對的是扛責任
其次再談賺錢之道

 品牌夢工廠® www.foryou.tw

Q16. 品牌爲何中看不中用？

Ans：_____

品牌若只懂得談格調

遲早會餓死

這樣的經理人不要也罷

Q17. 好品牌該長什麼樣子？

Ans：_____

畫出腦海中品牌的圖像

品牌的長相不在眼中

是在心中

Q18. 品牌該如何經營？

Ans：_____

品牌的內涵是 [溝通]

品牌的外顯是 [表達]

內外雙修必成功

品牌夢工廠® www.foryou.tw

reBrand

Q19. 品牌三口組是啥？

Ans：_____

自己人的信心口碑

顧客的信任口碑

敵人的信服口碑

Q20. 品牌必敗之道？

Ans：_____

～想法矛盾　～做法衝突

～方法自大　～戰法欺瞞

Q21. 好品牌如何養成？

Ans：_____

責任、自律、熱忱

種瓜得瓜

走過必留好口碑

Q22. 品牌為何會夭折？

Ans：_____

容易夭折的品牌往往是
華麗外表下的
心是空虛的

Q23. 品牌的成功信念？

Ans：_____

顧客認知價值＞商品價格
顧客購買行動＞喜好意願
顧客推薦口碑＞行銷廣宣

Q24. 品牌的過去與未來？

Ans：_____

品牌觀念過去式 ～要有面子
品牌觀念未來式 ～裡子更重要

品牌夢工廠® www.foryou.tw

■ 品牌溯源知始末，邁步向前創未來

　　品牌是怎麼來的？話說古早以前，為了主張自己養的牲畜所有權，有人神來一筆在牲畜身上畫上一個符號，這就是品牌的肇始，一開始的品牌就只是為了讓自己辨識用的而已。後來越來越多人跟著畫上自己的符號，為了讓這些符號一致且容易區分，於是聰明的人就開始刻意設計符號的形狀與輪廓，甚至刻章印模讓它標準化，也幫它冠上能有個方便稱呼溝通的名號，於是品牌開始進化出符號及名稱來了，也開始被應用到其他事物的所有權標示宣告上；在此階段的品牌 1.0 發展重點在「辨別占有」。

　　隨著買有賣無的商賈逐漸興起，在利之所趨的生意頭腦刺激下，商賈們發現強調交易商品的來源，有利於提高商品賣力與價位，甚至可以留住老客戶以及預先收單，於是開始將品牌（商號）與商品掛鉤來謀求更好的商業利益，品牌的功能就在扮演協助銷售及哄抬價格的角色，品牌也開始擁有製造端的故事。在此階段的品牌 2.0 發展重點已進化到「交易買賣」了。

　　再隨著社會型態與經濟發展的演進，吃飽穿暖的生理需求已不復匱乏後，人們開始崇尚高階層仕紳名人，在食衣住行育樂各方面所使用的高等級事物，冀望透過擁有這些名人使用的名牌事物來映射彰顯自己也有類似的身價地位，於是品牌的影子就從商品移轉映射到使用者身上，品牌的功能變成是地位的象徵，品牌也開始發展消費端的故事。在此階段的品牌 3.0 發展重點業已進化到「身分表徵」了。

　　這就是品牌在過去千百年來的三階段進化史，從品牌歷史演進中可以發現過去的品牌從不是為了「做品牌」而主動誕生的，而是配合需求讓品牌發展出了符號、名稱、價值與情境，品牌的角色扮演也從「辨別占有」→「交易買賣」→「身分表徵」一路進化發展下來，您認為未來的品牌 4.0 下一階段又會如何進化呢？您的品牌目前位階是處於 1.0 的占有階段？還是 2.0 的買賣階段？還是 3.0 的身分階段？

　　科技始終來自於人性，品牌衍生出的符號、名稱、價值與情境亦是源自於人性，就如我們逢年過節的習俗背後有許多規定其實是商人的傑作，大家眼前所熟悉的許多品牌理論和架構，背後也隱藏著不少商業的操作，但未必是壞事。如果想看透它，不妨夜深人靜時想一想，當「品牌不是品牌」時，它會是什麼？想通了，您的品牌就得道了，想要進階進化成品牌 4.0 也不會是難事！

💡【只要生意有成，用啥品牌都是對的！】

做品牌不是做夢，
在現實的生活中，
喊再大聲的品牌，
永遠不如做成功的生意來的實在；
只要成功了，大家自然都會說您的品牌是好的！

品牌夢工廠格言集　www.foryou.tw

💡【先有好生意，才會有好品牌!】

想要怎麼收穫就要怎麼栽，
勝者為王，每個成功者都會擁有好的品牌；
但當事業沒成時，
昔日的明星品牌將猶如破屣，
沒有人會想再供奉它!

💡【生意的成敗無責於品牌的設計!】

用眼睛看得到的不叫品牌，
真正能賺錢的眉角，
不是憑設計師的功力就能達成，
否則，他們就不用如此辛苦地賺你的錢了!
不是嗎?

💡【沒品牌不一定會死，有品牌也不一定能活!】

沒品牌，頂多是利潤少賺些；
但為了建品牌，不管你是否已撈到了錢，
請先籌筆錢來燒吧!
品牌能否成功?
就看是燒得旺!還是先燒精光囉!!

 品牌夢工廠格言集　www.foryou.tw

💡【品牌操作要有彈性，甚至改變或消滅！】

品牌必須被活用，
在市場經營上，懂得進退之道，
它才能發揮出最大的綜效；
能成為致勝的關鍵或為交易的籌碼，
品牌才會有存在的價值！

💡【品牌只是行銷的過程與手段，不是目的！】

品牌只是行銷佈局的一只棋子，
有時候當前鋒，有時候當墊腳石，
亦有時候會拿來當炮灰；
它的使命在於協助達成行銷目的，
任務達成就是品牌壽命的終點！

💡【錢不夠燒，就甭想先做品牌的事！】

經營品牌是一條無止境的漫漫長路，
若在沒發光發亮前資源就彈盡援絕，
品牌之路註定會半途而廢；
因此，沒有足夠決心和足夠資源，
請千萬不要碰品牌！

品牌夢工廠格言集　www.foryou.tw

【做品牌，一定會花錢，但不一定能賺錢！】

品牌的投資報酬不是等比曲線，
就如倒水入瓶，
一定要先佈局蘊釀到一定的水量後，
才會有成果開始溢出來；
但若水沒倒準，績效永遠不可能現身！

【成功品牌必須具備『不戰屈兵』之威！】

一個成功的品牌，
在市場上自然具有贏家的優勢，
走起路來自然就有風；
門庭若市的原因，能見度高的現象，
皆無須再一一提出與競業做逐項比較！

【能被競爭者稱讚的，才是真正的品牌王者！】

真正市場的王者表現出來的不是攻擊力，
而是在領導風範；能擴大產業市場規模，
創造出同業的共同利益，
競爭者當然會自願追隨臣服其後，
黃袍自然加上身！

品牌夢工廠格言集　www.foryou.tw

■ 篳路藍縷品牌路，心路歷程老實樹

在此我們彙整許多在品牌海打滾過、廝殺過的品牌先鋒業者經驗與心聲，以過來人身分來分享他們由衷且直白的品牌經營，老實說或許內容不中聽，卻也不是要向想經營品牌者潑冷水，而是冀望能透過前人的親身體驗的心路歷程，來指引懷抱品牌夢後進者一條避免踩雷的品牌之安全路：

我們必須面對一個不願承認的真相～發展品牌賠錢的機率遠大於賺錢！

▶ 十賭九輸，不想輸就要做好贏錢的萬全準備再下注，不要老想賭運氣的事。

▶ 品牌不一定要自己生，但一定要有品牌培育計畫，放牛吃草已跟不上時代。

品牌真正的重點與挑戰難度在於小孩(品牌)生下後的如何養育(推廣行銷)？

品牌經營術　www.foryou.tw

經營品牌是場豪賭
～品牌之路是場
無止境的不歸路！！

▶ 玩品牌要想的是賺更多錢的方法，以及見好退場的機制，才不會變無底洞錢坑。

▶ 品牌經營一定要有企圖心，但千萬不能貪心求進，逐步踏實才能駛得萬年船。

玩品牌必須要
～能捨得、戒貪嗔～
否則就易入地獄！

藏在品牌幕後的
[市場經營] [行銷眉角]
才是品牌成功的關鍵！

▶ 品牌是做出來的，非喊出來的，所以落實品牌推動計畫會比品牌理念更重要。

 品牌經營術　www.foryou.tw

品牌行銷的竅門
就跟談戀愛一樣
只有兩件事
【推push】與【拉pull】

▶ 想當萬人迷品牌，就必須散發
誘人追求的荷爾蒙，才不會熱
臉貼冷屁股。

品牌經營第一步
～要如何引起目標顧客
注意到我們的存在
（Attention）？

▶ 心動才會有行動，須先透過色
香味來勾引顧客上門，品牌才
能跟顧客發生進一步關係。

產品行銷在賣的是～
產品的成份和功能
品牌行銷賣的則是～
消費的體驗與認同感

▶ 品牌可以在空中畫餅，但顧客
要嚐後才會稱讚，顧客誇遠比
自誇來的更有效。

 品牌經營術　www.foryou.tw

reBrand

品牌核心任務之一
～與客戶及終端顧客
建立起溝通共同語言

▶ 想推銷產品，就得要講能讓客
人聽懂的話，若只顧自說自話
，就是對牛彈琴。

品牌是[動產]
～可隨著時間的推移而
重新創立或變更外觀、
個性、訴求定位，
甚至消滅！

▶ 品牌的價值隨時在改變，養的好
就會有錢花，養不好就要花錢。

品牌經營的目的是
～為了創造出更高的
消費價值，
拼價格就甭談品牌囉！

▶ 品牌是一種創價的模式，有了
品牌就得將價格或價值抬高，
品牌才會有存在的意義。

品牌經營術　www.foryou.tw

▶ 出錢的才是老大，顧客是品牌最終的託付終身對象，能被看上最重要。

品牌是要給顧客用的，
不是給自己爽的！
～甭忘了真正老大是誰！

視覺設計師的任務
～負責品牌美化，
但不負責
品牌生意的成敗！

▶ 術業有專攻，知人善用才能做對事，但最終成敗都是老闆要負責。

▶ 品牌是一個生命體，先要能在市場上活下來，再來談抱負及理想吧。

品牌經營者對品牌的
正確認知程度
～決定品牌的續存率！

品牌經營術　www.foryou.tw

品牌命名必須
『好看』『好唸』
『好記』『好傳播』

▶ 文不文青、創不創意都不重要，品牌名必須要有親和力，對行銷才有加分。

▶ 教育消費者的成本相當高，品牌的使命是行銷推廣的助力，不該是溝通阻力。

品牌必須很容易
和企業的產品、服務
、訴求做聯結！

品牌規劃必須顧及
[應用性]及[永續性]，
否則就是雞肋！

▶ 養品牌處處都要花錢，投資一定要花在刀口上，才會有機會回本。

品牌經營術　www.foryou.tw

60

▶ 如何經營與如何獲利才是投資
品牌的重點，少了這兩項，就
很難有好收成。

品牌規劃者一定要懂
～品牌經營模式
～品牌獲利模式

品牌要成功
須搭配整體經營
與配套的全方位行銷

▶ 要懂得資源的搭配與調理，才
能做出一道品牌好菜，也才能
吸引消費者賞光。

玩品牌不一定能賺錢
但鐵定會花錢，
越搞怪的花越多

▶ 想打動顧客的心，真誠比耍花
招更有效，而且不會過期或失
去新鮮感。

reBrand

▶ 想做生意就必須懂得見人說人話的技巧，過度直白未必能討喜，但也不能說謊瞎掰。

品牌是做人的生意
所以品牌必須有人性
懂得與客人溝通！

在顧客眼中
品牌最終的型態～
品質、品格、品味

▶ 有內涵的品牌不用猛推銷自己，只要靠近就能感受到它的好味道。

 品牌經營術　www.foryou.tw

4

品牌經營忙盲茫

踏上品牌路

很忙、很盲、也很茫

忙是為了自己理想

忙也是為了不讓客人失望

忙到沒時間好好面對自己的真心

忙～忙～忙

盲聽飛滿天理論和道理

盲見鋪滿地成功的廣宣

盲到找不出哪條是真正賺錢路

盲～盲～盲

茫的不知如何摸清客人的意

茫的不知如何培養客人的情

茫的分不清真真和假假

茫的忘記今日是何夕

茫～茫～茫

　　觀看汲汲營營耕耘品牌的芸芸眾生業者，不乏有走出自己一條康莊大道的成功者，但也有更多仍困在霧裡看花的迷失者，他們很忙、很盲、也很茫。在此單元，筆者針對這些迷失者依狀況屬性劃分為十四症頭類型來做個案探討，並分享我們對症下藥的實務輔導方向做法，冀望能提供品牌迷失業主們當頭棒喝的醒思參考。

■ 品牌渴望症

非常想要擁有品牌，但缺乏品牌經營的實務經驗或專才。

· 您是否對品牌存有許多期待，渴望品牌創立後就能對業績有所挹注？
· 然而花錢請設計高手協助品牌命名，也有了漂亮的 VI 設計，但接下來要如何將新品牌的初生之犢養大成為能幫企業賺錢的金牛，往往不知所措。
· 企業內部亦缺乏有品牌實戰經驗的內行人來操盤執行！

　　張總是某品牌的資深區域經銷商，覺得一輩子老是幫別人作嫁賺錢總不是辦法，憑自己手上有的通路客戶名單，找到產品代工貨源也不難，只要再弄個品牌掛上去，業績鐵定不輸給老東家，利潤也會比較好，以後走起路來當然也比較有風。於是，張總花了近百萬設計屬於自己的品牌、CI 和包裝，訂了一批跟老東家幾乎一樣的貨鋪上通路，期待不久的將來可取代老東家成為一方霸主。但一個季度過去了，明明產品及包裝不比老東家差，自認為價格也有優勢，可是擺在眼前的銷量就是比預期差了好幾截。張總丈二金剛摸不著頭緒，問題到底出在哪？

在美國心理學家馬斯洛（Abraham Harold Maslow）所提出的「人的需求層級理論（Maslow's Hierarchy of Needs）」中，「安全的需求」考慮順序是僅次於「生理的需求」的順序，也就是說當衣食不缺時，「安全消費」會是民眾選購時相當重要的考量點。曾聽到沒市場實務經驗的設計企劃提案「放棄百年品牌、重新打造新品牌，品牌才能年輕化」，您會同意這樣的創意提案嗎？捫心自問，您是否會因為便宜而放棄熟悉慣用的老品牌，改買不見經傳、店家也不推薦的新品牌？這項問題的答案一定是一面倒的，原因就在於新品牌的陌生讓消費者缺乏安全感，相對的，這也是老品牌之所以能屹立市場不搖的根基優勢！

對廣大消費者來說，品牌的價值不是只存在視覺看得到的名稱、包裝上而已，還包含過去因消費過程所累積的信任與情感寄託因素，當然也包含因廣告、口碑所影響的購買偏好度。一個新誕生的品牌，不管包裝設計再美好、價格再優惠，在消費者眼中都是不可信賴的陌生人，是不是要冒險去嚐鮮，得等有些人先勇敢體驗並發聲稱讚後，大家才可能跟著嘗試消費，所以冒險嚐鮮對絕大部分重視安全消費的追隨型消費者，都是很難跨越的心理鴻溝。

許多業主都羨慕別人的品牌能幫主人賺大錢、提升企業形象，卻忽略了這些能賺錢的品牌都是已經被成功養大的「結果」。對品牌充滿憧憬的品牌新鮮人沒看到的是～品牌要如何養大的過程，可能不知道有九成九以上的品牌在未成年以前就先夭折了。

【品牌價值工程　療方】

・秤斤兩　抓命門　敬專業　重執行

在此個案中，我們先讓張總認知到品牌行銷與業務推廣的差異性，從診斷中找出真正專屬於張總的在手可控資源與通路客戶名單，據此建立出可被栽培的品牌核心競爭力，以及探索出目標市場當下的需求缺口，進而創造品牌服務價值。再提供專業的品牌經營團隊以品牌拉力來協助業務團隊落實店家的開發與服務，也設計促成店家以推薦張總的品牌商品為優先的行銷活動，與消費者建立互動連結，逐步踏實輔導張總的企業邁向品牌成真的康莊大道！

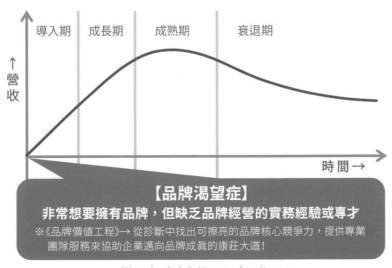

BLC各發展階段常見的品牌經營問題

導入期　成長期　成熟期　衰退期

↑營收

時間→

【品牌渴望症】
非常想要擁有品牌，但缺乏品牌經營的實務經驗或專才
※《品牌價值工程》→ 從診斷中找出可擦亮的品牌核心競爭力，提供專業團隊服務來協助企業邁向品牌成真的康莊大道！

~ Wonderful & Happy for You ~

■ 品牌自閉症

【徵　　兆】

雖擁有好產品好品牌，但卻沒人知道，或不懂推銷自己。

· 您是否常怨嘆自己的產品親友都稱讚，名字也取得很好聽，但卻放在倉庫乏人問津？
· 您已盡心盡力在產品的研發和生產上，使用最好的原料、最好的設備，製造出無人能出其右的好品質，但卻鮮少人光顧！
· 然而市場上許多比自己差的次級品卻門庭若市，真是天理何在啊！

　　賴先生夫婦白手起家創業，投入市場規模頗大的加工食品製造，因為生性憨厚樸實，從原料到生產過程都不敢馬虎，甚至為了避免食安風險，原料、設備、包材一切都是用最好的，該申請的認證都依照規定申請，該送驗的檢查都做了，甚至超越了業界的水準，因而許多長官與親友試吃品嚐後都讚不絕口，也順理成章拿到公部門評比的獎項。但現實的問題擺在眼前，親友免費試吃時大家都叫好，到了市場後卻只有零星的訂單，多年的努力成果一直含苞未開，賴先生夫婦依然苦守寒窯！

　　我們必須認清一個血淋淋的事實及現實，那就是「叫好不等於

叫座」，二十多年前在執行新品上市前調查時，即發現做市場研究者常犯的兩大調查盲點通病，其一是「非目標消費者的意見」，其二是「喜歡度評選」；非目標消費者的熱情意見往往造成調查統計分析結果的偏頗失真，評選喜歡卻無意掏腰包的受訪者也占不少比例。但有些市場研究者可能不知調查統計已被兩大調查盲點通病誤導，依然做成調查結論做為上市決策與廣宣方向指標使用，搭錯車的最終結果可想而知。若您真的在意自己產品的上市調查，請務必記住者兩件事：「非目標消費者的意見參考就好」以及「說喜歡的人不等於會消費的人」。

依據筆者每年自行或受公部門委託在市場訪視近百家企業的經驗心得，發現高手真的在民間，民間的確臥虎藏龍了許多讓人驚豔的好產品，甚至不乏有創新且取得專利的前瞻性產品，但業主普遍面臨的最大問題都是～空有沉魚落雁之美，卻足不出戶、獨守空閨，抱怨遲遲遇不到伯樂，直到芳華消逝、時不我予，實在可惜！

【 品牌價值工程　療方 】

· 找知己　送福音　給甜頭　愛分享

　　在此類個案的輔導中,我們通常扮演牽線紅娘的角色,從市場的需求角度來找出產品的賣點,將業者品牌及產品的優點重新包裝,以一句話直白訴說給需要的顧客或通路平臺業者知道,再布局讓這些紅粉知己透過體驗後的口碑傳播,主動分享給更多需要這項產品的朋友們知道,創造出媒體青睞的報導話題,等待訊息曝光後,吸引眾多求婚者扛轎上門,追求者眾多自然就不再是難事!

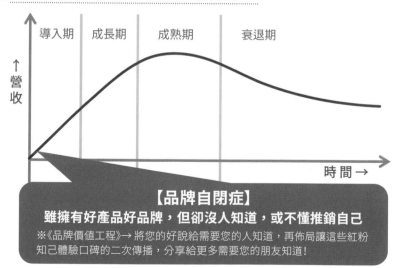

W BLC各發展階段常見的品牌經營問題

【品牌自閉症】
雖擁有好產品好品牌,但卻沒人知道,或不懂推銷自己
※《品牌價值工程》→ 將您的好說給需要您的人知道,再佈局讓這些紅粉
知己體驗口碑的二次傳播,分享給更多需要您的朋友知道!

~ Wonderful & Happy for You ~

◼️ 品牌失心症

有了品牌與產品,卻找不到特色賣點,摸不清顧客要什麼。

· 您努力將品牌及產品都製造出來,是否還是不知道產品要怎麼賣?顧客是否會想買?

· 在資訊透明的時代,單靠生產技術很難壟斷市場,您也絕對不會是唯一有此類產品的人。

· 消費者同時都有許多同質性的商品或服務可以選擇,試想,顧客要將錢奉獻進您口袋的理由為何?

· 沒有您,顧客就沒其他選擇了嗎?

　　方理事長是技術底出身,除了從事工程承包服務以外,他生性愛好研發,申請不少臺灣及國際的專利。有一天在工作時,憑藉他在業界服務多年的實務經驗,突然發現有個潛伏在工程場域的安全漏洞,的確陸續間接造成不少工安事件。於是他精心研發出具有預防安全問題發生的自動檢測設備,也順利取得了發明專利。但此安全問題預防檢測設備正式量產後卻求售無門,拜訪遍所有目標客戶的採購部門以及工程安全主管機關,總是吃閉門羹,即使有報價的機會,最後都還是沒有下文,讓方理事長曾經燃起的救人慈心相當心灰意冷。

reBrand

　　檢視過許多優良產品,之所以賣不出去的原因,通常不是產品本身的問題,而是您想賣的訴求點未必是顧客所關心的。比如美國心理學家亞伯拉罕 · 哈羅德 · 馬斯洛(Abraham Harold Maslow)所提出的需求層次理論,不同層級階段所關心的需求項目是不同的,如果沒先了解客戶在意的需求為何,只是一味推銷的產品的好處,無疑是雞同鴨講、白費唇舌,更別提客戶會理會您。這個問題一樣發生在品牌上,市場上大多數滯銷品牌的訴求都與消費者所在意的事情無關,買賣雙方缺乏交集,無法讓消費者動心,當然就不會刺激出消費行動。

　　俗話說:「沒有賣不出去的東西,只有不會賣的人。」大家都以為銷售就是賣東西,其實這只是很片面的理解,以賣產品為重心的銷售訓練方式也讓許多業務新人們猛撞牆。您有沒有留意過這樣的現象～真正的銷售高手從來不賣產品,他們賣的是「解決問題的方式」,自己則是成為客戶心中解決問題的專家,「銷而不售」才是銷售技巧中最高明的境界。

【品牌價值工程　療方】

‧ 聞客情　煉丹心　能捨得　勾買魂

　　在此個案中，我們說服方理事長暫時擱置推銷專利產品的想法，協助重新沉澱淬鍊出此品牌產品對客戶所在意的身／心／靈價值，抓住潛在工安問題對客戶的最大影響重心，定位為賣安全而非賣設備，提供出配套的解決方案，免費將預防檢測觀念導入成客戶企業工安管理的 SOP 中，進而讓這套檢測設備成為客戶執行預防檢測的心儀首選，亦成為客戶的工安形象指標設備，自然能讓客戶主管主動要求指定採購，從此之後訂單與價格自然就不再是問題！

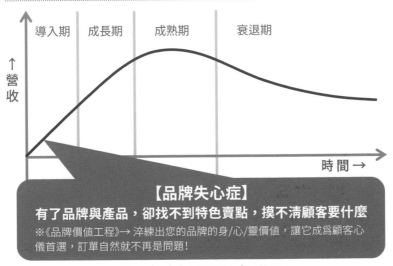

BLC各發展階段常見的品牌經營問題

【品牌失心症】
有了品牌與產品，卻找不到特色賣點，摸不清顧客要什麼
※《品牌價值工程》→ 淬鍊出您的品牌的身/心/靈價值，讓它成為顧客心儀首選，訂單自然就不再是問題！

~ Wonderful & Happy for You ~

◢ 品牌衰老症

【　徵　　兆　】

品牌曾經叱吒風雲過，但面臨世代交替，必須找到回春術。

· 您過去曾在市場風光一時的品牌，怎奈歲月摧人老，隨著老顧客的凋零，年輕一代的消費者怎麼知道您是誰？
· 我們生活在一個資訊爆炸的時代，每天都有眾多的生活情報與新的品牌廣宣，加上世代間的認知代溝，年輕人總想脫離舊包袱的拘束。
· 或許您的產品始終如一，但老步伐卻無法跟上新時代翻轉的步調。

　　余董是家族傳承多代的百年糕餅老店新接棒掌門人，因為老主顧逐漸回蘇州賣鴨蛋，過去大客戶的工廠訂單也隨著產業外移而消失，新生代的年輕人認為這是家只有老年人才會光顧的店而列入拒絕上門的名單中。隨著光陰的流逝，曾經顯赫一時的知名品牌慢慢地被消費大眾淡忘，在市場的知名度也被後起之秀的新生品牌超越。雖然余董天性淡泊名利，但為了家業與傳承責任，余董不得不請大師來重新設計品牌視覺、撰寫品牌故事和裝潢門面，開發了全新產品和全新包裝，也請了網紅代言及購買網路廣告，希望能藉此讓品牌年輕化。可是經市場驗證後，發現如此的做法似乎很難扭轉

被遺忘的頹勢，甚至影響到既有老顧客上門的意願，為什麼？

品牌之所以會變老，不是因為歲月的痕跡，而是老氣橫秋的長輩心態，和年輕世代形成了格格不入的代溝。即使花錢請設計師幫忙整型、拉皮、塗抹青春精華液，當品牌體內少了青春活力元素，您的行為動作和觀念依然老態龍鍾，即使學著說新生代火星話，品牌依然只是個打扮時髦、裝年輕的假掰老戲子，當然討不到年輕世代的喜愛。

老品牌絕對是資產，但不代表它一定得穩重老成，一定不能活潑亂跳，一定得陪著老顧客漸漸變老不可；我們看一下西元 1886 年誕生的可口可樂（Coca-Cola），為何大家不覺得這個品牌衰老了，因為它一直努力維持年輕的心、打造年輕的形象、用年輕世代的語言、介入新年輕人的生活。您的老品牌有做這些事嗎？或者依然習慣以百年老店口吻倚老賣老呢？

「傳統」是前人留給我們的寶，但若不活化、活用，不進化成新時代的寶，只是拿文化大旗奢言「保存」，越保存它就會越是個死東西，勢必隨著時光的流逝而被遺忘。除非遇到有慧眼的操作者，重新塑造它的價值，進行市場的懷舊炒作，才能翻身成為價值連城的古董或是新流行，否則「傳統」遲早就會在新時代的改革浪潮中，成為浪下被棄如敝屣。

【品牌價值工程　療方】

‧ 回本心　獻真意　逆時空　跨世情

　　在此個案中，我們協助余董盤點找出百年老店過去之所以能成功的核心元素，將其轉換成新世代的語言，重新定位老品牌在新時代的存在價值，再透過新行銷包裝與活動，讓年輕人參與品牌的經營，也讓品牌進入年輕人的生活中，訴求賣文化意涵而非僅賣傳統糕餅口味。當老顧客和年輕人都喜歡這個品牌提供的文化服務價值，新世代也以公開擁抱此品牌為時尚之選，百年老品牌就永遠不會老！

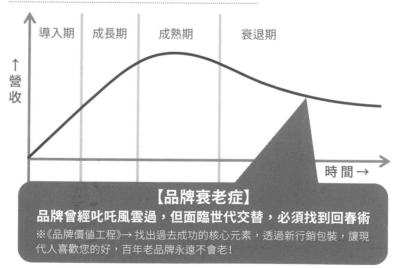

BLC各發展階段常見的品牌經營問題

導入期　成長期　成熟期　衰退期

↑營收

時間 →

【品牌衰老症】
品牌曾經叱吒風雲過，但面臨世代交替，必須找到回春術
※《品牌價值工程》→ 找出過去成功的核心元素，透過新行銷包裝，讓現代人喜歡您的好，百年老品牌永遠不會老！

～ Wonderful & Happy for You ～

■ 品牌躁鬱症

【徵　　兆】

急著想讓品牌發光，總找不到好方法，不知下一步怎麼走。

· 您是否每天為了如何快速擦亮品牌而傷透腦筋？您是否為了達不到投資績效而坐立不安，甚至為了不知何去何從而寢食難安？
· 每個人都期盼自己的品牌能快點成長成為會下金蛋的金雞母，心中期待能有成長激素的萬靈丹，一針見效。
· 但行銷人員請了、廣告砸了、錢燒了，明日過後，品牌小雞依然嗷嗷待哺。

　　在經營會議中，蘇總每次的出現是所有與會部門主管的惡夢，為了當下品牌經營業績的不理想，為了昨天剛上線的品牌活動無法立即爆紅，焦慮的蘇總一開口就控制不了情緒，幾乎不管是否有在座列席的每個人都會被點名批罵，甚至追溯回顧既往種種的不順心，完全不理會議議程的進行，甚至要求被點名者立即提出將業績翻轉的做法。罵完了，經營會議也草草結束了，所有既定要討論的議題當然都隨風飄散、無疾而終，這場動員所有部門主管的經營會議昂貴成本該記在誰的頭上呢？

　　許多經營者錯將管理權誤以為是「管制」權,所以即使企業組織變龐大了,主事者更是事必親躬,唯恐失去管制權,大大小小事都待自己定奪,最後勢必註定自己一輩子的勞碌命,亦將自己的總經理格局降階成大總務。殊不知管理的上上策是「協助」而非管制,重在興利而非防弊,協助部屬發揮其所長、善盡其所職,明訂任務職掌、推動自主管理模式,企業組織方能自動運作,如此才能事半功倍。急於揠苗助長,或是步步緊逼管制,除了降低企業運作效能,形成內部虛耗之外,通常也不會有好結果的。

　　工欲善其事,必先利其器。如同品牌在導入期、成長期、成熟期、衰退期的經營重點任務各自為**「讓顧客能辨識」**、**「方便顧客好記憶」**、**「讓顧客肯花錢」**、**「存在顧客思念中」**,想要有績效就必須用對力量來放大組織整體綜合戰力,並善用 Plan-Do-Check-Action 的管理循環,來協助所屬進行**「計畫→執行→檢討→修正」**的自主管理良性正向推動,有責也有權,如此方能建全品牌的體質、逐步踏實!

【品牌價值工程　療方】

‧ 再回首　忘自我　找明燈　能生氣

　　在此個案中，我們協助蘇總經理重新盤點品牌的立足點與階段任務，並明確顧客的利基來規劃品牌發展訴求，以專案管理及目標管理模式擬訂出可推動品牌加速穩健成長的捷徑計畫，讓蘇總清楚品牌發展進程及可預期的成效，亦明白公告出每次經營會議的重點追蹤議程及專案擔當，讓會而有議、議而有決、決而有行、行而有變，完全掌控住品牌發展的按部就班進度，而蘇總只需要輕鬆扮演最終的決策者與驗收者即可。

BLC各發展階段常見的品牌經營問題

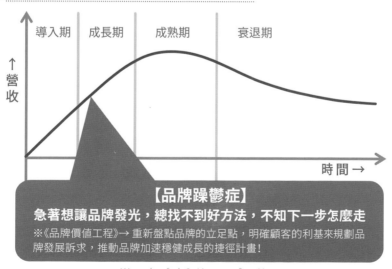

導入期　成長期　成熟期　衰退期

↑營收

時間→

【品牌躁鬱症】
急著想讓品牌發光，總找不到好方法，不知下一步怎麼走
※《品牌價值工程》→ 重新盤點品牌的立足點，明確顧客的利基來規劃品牌發展訴求，推動品牌加速穩健成長的捷徑計畫！

～ Wonderful & Happy for You ～

■ 品牌高山症

【徵　兆】

市場經營表現不錯，但成長受限，須找出創新突破點。

- 您的品牌績效是否遇到成長瓶頸了？您是否找不到新的經營使力點或新市場發展方向？
- 業績持續成長乃是企業求生存必要的挑戰目標，但當碰到天花板後，該怎麼辦呢？當挑戰者從後方持續逼近時，該怎麼辦呢？當市場規模已趨於成熟飽和，該怎麼辦呢？
- 搞創意不難，但轉戰新市場並非那麼簡單，踏錯一步將成遺恨！

　　盧董是位在工廠擔當過高階經理人的創業者，憑著對產業供應鏈的熟悉與對市場風向敏銳的嗅覺，成功透過差異化服務切入了產業市場的缺口，這幾年來自創品牌商品的銷售業績扶搖直上，每年營收都是倍數成長，快速竄起成為業界的一匹旋風黑馬，企業組織也隨之一再成長擴編。不過，好景不常、樹大招風，之前發掘的市場缺口紅利即將飽合，同業與後起之秀亦陸續跳入這片藍海裡搶食並急起直追，預期不久的將來盧董開發出來的新市場將因競爭者的瓜分、競價而變色為紅海。雖然雄心壯志的盧董依然將今年營收目標設定成長 100%，不過訂目標容易，如何讓頂到天花板的營收再

衝破屋頂,的確是項高難度的挑戰。

　　有道是:「不積跬步,無以至千里;不積小流,無以成江海。」品牌業績的成長是逐步累積而來的,想達成成長目標亦必須有所投入作為,想無為而治就能自然成長只能靠八字,偶爾一步登天的品牌隨時都有可能一步踩空跌落雲端。當成長遇到瓶頸時,就代表是經營路線到了必須有所調整改變的時候,例如策略管理之父安索夫博士提出的安索夫矩陣(The Ansoff Matrix),以產品和市場作為兩大基本面向,交叉發展出**「市場滲透」**、**「市場開發」**、**「產品延伸」**、**「多角化」**等四個成長策略,如何從中挑選出容易進入且風險可控制的標的來推進,這就必須要做足市場研究功課的策略布局作業了,切勿單憑企業主的直覺來賭運氣。

　　山不轉路轉、路不轉人轉,買賣賺的是差價死錢、品牌要賺的是創價活錢,品牌的發展夢想是可以擁有無限想像空間的,但真正能發展到何種程度,就端視我們的眼界與經營能耐了。天下沒有白吃的午餐,有前瞻力的企業家總是會在品牌生命週期 BLC(Brand Life Cycle)走到成熟期階段時,就已開始布局下一個進化的 BLC 了。

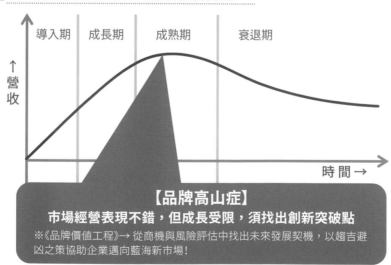

【品牌價值工程　療方】

・聞看問　懂放空　卜未來　當前鋒

　　在此個案中，我們從外在產業環境的趨勢結合企業內在經營戰鬥力動能，從勾勒企業未來十年的發展願景做長期目標，逐步取代眼前被市場帶著走的短線操作，協助盧董從商機與風險評估中找出未來十年值得發展投資的新契機，也規劃出階段性的市場發展任務與成長標的，並逐步導入所需要的配套資源，再透過潛力新通路的開發與舊顧客的精耕，成功的以趨吉避凶協助企業邁向新藍海市場！

BLC各發展階段常見的品牌經營問題

導入期　　成長期　　成熟期　　衰退期

↑營收

時間→

【品牌高山症】
市場經營表現不錯，但成長受限，須找出創新突破點
※《品牌價值工程》→ 從商機與風險評估中找出未來發展契機，以趨吉避凶之策協助企業邁向藍海新市場！

~ Wonderful & Happy for You ~

■ 品牌惶恐症

想 ODM 與 OBM 雙頭並進，但怕得罪代工客戶，找平衡點頭痛中……

- 做代工久了，總是會想跟客戶一樣升級成為品牌商利潤較多？但做品牌就得和客戶搶市場，最後有沒有可能兩頭空？
- 自創品牌是許多從代工起家企業心中的美夢，但這個美夢要如何讓它實現成真而不會變成惡夢？
- 代工是眼前的收入，品牌是未知的收入，捨代工、取品牌真的是對的嗎？雖說有捨有得，但若能魚與熊掌兼得該有多好！

　　王老闆是業界代工的龍頭，因為產品優且價格合理，市場上大部分知名品牌都是它的老客戶，他們的出貨量及末端售價其實都在王老闆的眼下一清二楚，故私底下王老闆也對客戶們的銷售成績與獲利相當眼紅，總覺得他們隨便貼個牌、輕輕鬆鬆轉個手就賺得比自己多，暗中有自己也創個品牌、開幾家店來直銷自家產品的打算，如此動念已在心中想了好幾年。做自己的品牌、包裝和開店對王老闆來說都是小錢，王老闆遲遲不敢付諸行動的原因就是擔心一旦這些大客戶不高興而轉單，豈不是偷雞不成蝕了整車的米。如何能維持代工業績量且增加自有品牌的銷售量，更是王老闆不便說出

reBrand

口明講的慾望。

　　這些年來許多長官及學者專家一再呼籲企業應該脫離代工、投向品牌，但可知製造業想從ODM（Original Design Manufacturer）跨足OBM（Own Branding & Manufacturing）並非給自己產品貼上商標就能算是成功品牌，少了不同領域經營手法與新獲利模式，品牌真的只是一張有印刷的狗皮膏藥而已。岸上觀浪的人永遠不知道大海是會淹死人的，沒有換腦袋改變經營思維、沒有投資品牌的行銷預算、沒找到品牌經營的專業人才，品牌能成功達陣的機率通常會低到不行，大多數業主徒拿辛苦代工的血汗錢去填品牌天坑做功德而已。至於本業已經營不善的製造業業主，不做足功課就貿然跨業轉向陌生的品牌之路，想享受斜槓人生開出第二春來，沒料到大都是畫虎不成卻變成臉上多出的三條槓，更有可能只是加速其事業的敗亡時間而已！

　　代工廠老闆想自創品牌是天經地義的事，但往往最大的心理障礙就是只想到和既有客戶搶生意的問題，以及過去只要代工生產出來就等於可以收錢的認知習慣，沒想到自己該如何具備經營終端市場的能力；他們並非良心覺得自創品牌對代工客戶過意不去，而是擔心自創品牌尚未成功，反而促使代工客戶們先行離去，最後終落得兩頭空。想左擁ODM、右抱OBM，似乎是Mission: Impossible的難題。

【品牌價值工程　療方】

・捏分寸　制高度　齊打拼　創雙贏

　　與其用 OBM 取代 ODM ／ OEM，不如規劃出如何在擴充自我品牌的同時又不會傷到代工客戶的心，甚至可以協助代工客戶一同成長，才應該是代工業主的至高理想目標；在此個案中，我們導入「王道行銷」的創新經營商模，以協助客戶共同擴大市場規模的「共好」為目標，輔導王老闆的企業大方扛起產業領頭羊的使命，以翻轉消費市場的創新行銷思維，透過改變民眾消費習慣及思維，擴大了消費族群及增加了消費時機、消費方式，成功翻轉了市場、做大了數倍市場大餅，也同步讓王老闆的 ODM 與 OBM 兩大事業體都有更大發展空間，透過經營策略的布局，讓兩者都能相輔相成，甚至互為談判籌碼，達成雙頭並進與成長的最佳化績效！

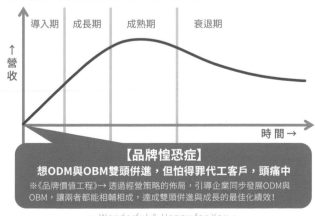

BLC各發展階段常見的品牌經營問題

導入期　成長期　成熟期　衰退期

↑營收

時間→

【品牌惶恐症】
想ODM與OBM雙頭併進，但怕得罪代工客戶，頭痛中
※《品牌價值工程》→ 透過經營策略的佈局，引導企業同步發展ODM與OBM，讓兩者都能相輔相成，達成雙頭併進與成長的最佳化績效！

reBrand

◨ 品牌幻想症

【徵　兆】

以為有品牌生意就會大好，缺行銷包裝手法和價值創造眉角。

· 您看同業的品牌績效會眼紅嗎？您會一再因缺乏品牌而吃悶虧嗎？您會認為有品牌就能解決問題嗎？
· 擁有一個知名的品牌的確對銷量與定價都有幫助，但前提是您的品牌要知名、要有消費價值才行！
· 命好名、設計好 VI 都只是第一步，如何讓這個品牌成為顧客心中的首選，願意主動推薦給親友，才是品牌成功的關鍵！

　　朱總是家族企業的現任負責人，眼見近年來自己轄下的生意都很悶，語重心長地跟二代說：「我們的技術、設備、人脈都不輸人，還有資深老師傅在幫忙生產，但就是本土品牌而已，沒有好的國際品牌，所以外銷生意大單都沒有我們的份，全都被叔叔他們家撿走了！」於是二代申請了公部門的品牌輔導，花費了近千萬請命理專家命名、設計大師設計國際品牌視覺辨識系統 VIS 及導入全套的品牌新包裝，朱總還很風光辦了場盛大發表會，邀請長官、親友及媒體列席來慶功，正式宣告公司從此進入國際品牌元年。然後呢？當發表會曲終人散後，一切依然回到了原點。

　　品牌從來就不是只有名字而已，也不是有品牌視覺辨識系統 VIS 設計就能成為夯品牌，一個品牌的建置必須涵蓋身、心、靈三個層次，「身」指的是能提供具體化消費利益的 STP 策略、「心」則是推動能讓目標顧客心動的廣宣規劃、「靈」則是能藉用顧客的口碑創造出品牌生命；缺乏身、心、靈的品牌即使打扮的美美的，仍無疑是一個粉墨登場但不會自己動的木偶，在中看不中用下，這個漂亮的品牌對企業的實質貢獻就是一個場面而已，增加的營收貢獻依然是個**「零」**。

　　所有成功品牌的共同點就是都具有「利他」的 DNA，所以建立品牌的第一步是得先規劃出能讓顧客有感的「具體化消費利益」，這樣的消費利益從感性到理性可以區分為～象徵性利益（symbolic benefits）、體驗性利益（experiential benefits）、功能性利益（functional benefits）等三面向。唯有擁有消費利益內涵的品牌，才能得到顧客的青睞與買單，此時再發展品牌名及品牌視覺辨識系統 VIS 才會有意義。做生意除了天時與地利外，得到了人和，風水命格亦將會更順暢。想一想，您的品牌提供的「利他」──消費利益會是什麼？

【品牌價值工程　療方】

・喝頭棒　清盤纏　算天命　知進退

　　在此個案中，我們點出朱總發展品牌的盲點，在品牌的核心訴求中回頭補入消費利益，也協助身心靈的人格特性灌入品牌中，教導朱總企業將品牌變生意的人和眉角與執行方法，盤點家族企業內部及外部多代來累積的可用資源，導入適性的品牌發展與經營規劃，以及導入品牌經營專才，推動全方位且能接地氣的品牌行銷計畫，打造出真正能結合天時、地利、人和的品牌命格！

⚡ BLC各發展階段常見的品牌經營問題

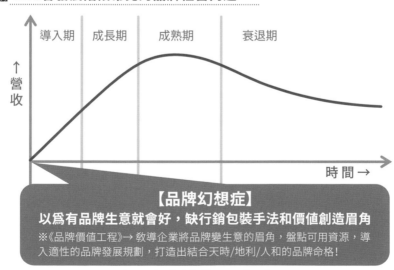

導入期　成長期　成熟期　衰退期

↑營收

時間 →

【品牌幻想症】
以為有品牌生意就會好，缺行銷包裝手法和價值創造眉角

※《品牌價值工程》→ 教導企業將品牌變生意的眉角，盤點可用資源，導入適性的品牌發展規劃，打造出結合天時/地利/人和的品牌命格！

～ Wonderful & Happy for You ～

◪ 品牌多頭症

【徵　　兆】

闊氣擁有多個品牌，卻個個營養不良，有限資源要先餵誰？

- 您認為擁有越多的品牌越可以賺人錢嗎？還是越可以規避風險呢？這些品牌賺錢與燒錢的比例各多少？
- 投資品牌仍是以財務構面的提高獲利為最終目的，但品牌要養大才能幫助企業賺錢！
- 想要同時經營多個品牌，就得好好盤算自己的資源能力是否足夠，否則徒有一堆拖油瓶，反而會吃垮企業既有的獲利！

　　C 公司是一家蠻知名、蠻有規模的工業原料生產廠，也是上市櫃企業，其產品經下游客戶的裁切、加工後，就成為廣大民眾生活常見的生活用品、工具，價格可以瞬間翻上數倍至上百倍。因近期面臨到市場同業的削價競爭，C 公司董事會決定往下游整合，直接發展終端產品出來，並仿效下游客戶做法提供終端消費者更多的選擇，C 公司依終端產品的功能等級不同，一次同時發展出來三個完全迥異的不同品牌，期待能方便消費者做選擇，冀望能以工廠直營的優勢一舉通吃下所有的市場，也同時凸顯 C 公司的企業霸氣。但因首次經營品牌，董事會願意提撥的行銷資源與人力皆有限，也不可能成立三個品牌組織及預算來進行專案管理，上市後立即遇到

僧多粥少的狀況，陷入不知道哪個品牌該優先照顧的窘境，不僅經常顧此失彼，甚至彼此網內互打、瓜分有限市場，多頭馬車自亂陣腳，終究沒有一個品牌能在市場上打出名號來，霸氣自然消了氣！

　　一個品牌可以營收兩億，一次養五個品牌就能有十億營收了，這是某些老闆的如意算盤，但是當真有這麼如意嗎？這對企業來說，養品牌如同養嗷嗷待哺的嬰兒一般，其一是：養品牌都很燒錢、燒精神，其二是：品牌沒養大前甭期待它能賺錢回來養我們，其三是：有可能養到啃老族品牌，其四是～品牌若沒照顧好也會半途夭折。您打算投資多少錢來養大一個品牌呢？一口氣養五個？企業若沒準備足夠的奶水來餵養品牌，想讓品牌自己長的頭好壯壯，幾乎不太可能。除非企業口袋夠深、資源夠多，董事會也願意簽字投資，否則「多子餓死爸」這句俗語的道理就會在此應驗了。何況老子有錢的任性並無益於品牌的經營，只會爽到環伺品牌周遭的虎視眈眈品牌服務商們而已。

　　對顧客來說其實要求的不多，他們期待找到的是一項最適合己用的好商品、好品牌就夠了，根本不需要有太多商品或品牌要顧客來從中做比較選擇，他們無暇、亦無興趣花時間、花精神來了解與學習每個品牌的故事或比較差異，更何況是名不見經傳的品牌，即使疊一堆讓他們挑，對所有顧客的認知價值依舊是 0＋0＝0，絲毫不會感謝廠商的多產，內心反而會嫌廠商多事找麻煩與不專業。

【品牌價值工程　療方】

· **決生死　養真氣　先得道　齊升天**

　　此類個案在輔導中常遇到，我們首先協助 C 公司認知品牌經營的奧義並建立企業品牌樹，透過資源的盤點與去蕪存菁，梳理出要優先養大的品牌為何，依此重新擬定出務實、聚焦且可獲利的全方位品牌經營戰略布局。待第一個品牌長大能獲利後，第二階段再以母雞帶小雞的方式，提供其他次品牌成長的養分，讓所有品牌都有它專屬服務的客群，成功創造出品牌整體戰的營收綜效！

BLC各發展階段常見的品牌經營問題

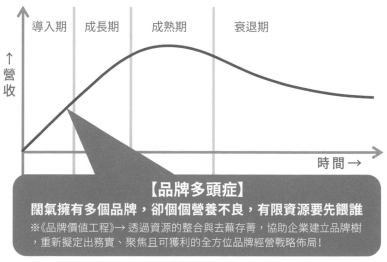

導入期　成長期　成熟期　衰退期

↑營收

時間→

【品牌多頭症】
闊氣擁有多個品牌，卻個個營養不良，有限資源要先餵誰
※《品牌價值工程》→ 透過資源的整合與去蕪存菁，協助企業建立品牌樹，重新擬定出務實、聚焦且可獲利的全方位品牌經營戰略佈局！

~ Wonderful & Happy for You ~

reBrand

■ 品牌退化症

【徵　　兆】

品牌績效已成明日黃花，想重振江湖，卻找不到新著力點。

· 您曾經風光一時的品牌是否光彩依舊？當年夯品牌是否退流行了？今天的消費者是否還偏愛這個品牌？
· 經營品牌就要有面對現實消費者的心理準備，隨著時光的消逝、隨著流行的交替、隨著競爭者的挑戰，品牌當年勇就只能當成故事聽。
· 想東山再起、重馳騁市場，就非得要有能活在當下的賣點不可！

　　廖董承接家業已二十多個年頭了，在父親經營的年代以及自己接手後的十年，那時品牌名響翻天，每天開門就自動湧進來的生意盈盈，忙到上至老闆、下至員工人人連休息時間都沒有，談起廖董的企業與產品，連競爭同業都由衷翹起大姆哥稱讚。哪知這幾年的生意莫名其妙每況愈下，每天開門有一半時間櫻櫻美代子，全公司的人都閒到發慌，大家心情也隨著發慌。面對老董關愛的眼神，廖董不禁邊搖頭邊喃喃自語：「我們的產品數十年始終如一，品質也相當堅持，價格也不貴，但就是不知道到底出了什麼問題，客人們為何不再上門？唉！」

影響一個品牌興衰的眾多因素中，時間與空間是很容易被大家忽略的兩大變因，尤其是時間變因，會隨時隨著地球的轉動而有所變遷；時空環境也會因為社會型態的改變、因為消費習慣的改變、因為生活科技的改變，甚至因為交通渠道的改變、居住環境的改變或新替代者的興起，在在都會讓一個曾經夯極一時的好品牌被封存在記憶的殘影中；更會因為消費需求的進化，而讓非常堅守原則的品牌變成相對性退化了、被摒棄了。也就是說，您沒有變不好，但市場風向球轉向了，顧客的胃口需求也隨之轉向了，一直堅守本位的您還在過去的位置上守株待兔般等候顧客上門，卻忽略自己的品牌及產品已不復在現代潮流的趨勢上了！

大家常說的「代溝」是一道自我設限的心理藩籬，它有多高多寬多深並不重要，只要您願意邁開大步跨過去和新世代消費者站在同一國，成為他們心中的愛，不再老是沉溺在過去的輝煌歷史而沾沾自喜或憂心忡忡，任何代溝都會不復存在。山不過來，我們就過去吧！這也是國際知名品牌 McDonald's、Coca Cola 一定會定時檢討及修正品牌定位、訴求與風格的原因，不想被時代淘汰，就得不斷地進化自己，才能維繫住在顧客心中首選的地位。

reBrand

【品牌價值工程　療方】

・尋故友　借東風　立馬步　天蠶變

　　在此輔導個案中，我們告訴廖董除了要守住老董創業的初心外，亦必須了解新世代消費者的需求與想法，從而賦予舊品牌新價值、新活力，再透過世說新語來與新世代溝通，善用現在當道的行銷傳播工具來服務顧客，讓他們知道廖董品牌與產品的好處與不落伍。藉由以穿梭光陰的價值觀來為品牌續命，從而蛻變成為年輕人也愛的永不退流行的長青品牌！

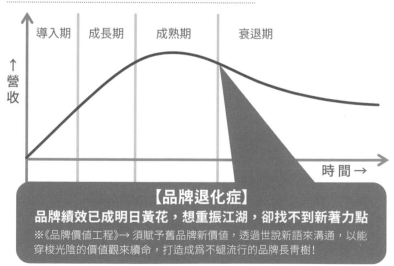

BLC各發展階段常見的品牌經營問題

導入期　成長期　成熟期　衰退期

↑營收

時間 →

【品牌退化症】
品牌績效已成明日黃花，想重振江湖，卻找不到新著力點
※《品牌價值工程》→ 須賦予舊品牌新價值，透過世說新語來溝通，以能穿梭光陰的價值觀來續命，打造成為不蜕流行的品牌長青樹！

~ Wonderful & Happy for You ~

94

■ 品牌恍神症

經營品牌沒定見，隨心所欲搞創意，成敗全憑天保佑。

· 您清楚自己的品牌定位、訴求嗎？有設定出品牌經營的策略嗎？有明確的執行計畫嗎？您有在經營品牌嗎？
· 許多很有創意的老闆隨時有不同的品牌點子發想，或是人云亦云、張冠李戴，沒有自己的中心主張與定見。
· 品牌之路走起來九彎十八拐，花了時間、燒了錢，矇到了就算是運氣好的，但通常最後變成倒退嚕居多！

　　謝老闆的朋友們都習慣稱他是「點子大王」，因為謝老闆腦袋瓜子隨時隨刻在翻新，創意點子簡直是拈手就生出來。在品牌事業的經營計畫上或是新產品的研開發專案上更是如此，謝老闆一聽到新的訊息就馬上生出新的想法，並要求屬下立即導入實施推動，渾然忘記昨天剛下的新創意指令還在準備執行中，翻案速度比翻書還迅速。不管是新的還是舊的計畫總是不斷灌入新 idea，以致於一個品牌計畫專案不是被修改成四不像，要不然就是遲遲無法上市，企業投入的經費（後悔成本）也不斷追加，回本之日遙遙無期！

　　大家都聽過「計畫跟不上變化」這句話，但遇到變化就一定要

逐一因應嗎？當下公部門、眾企業的計畫滿天飛，學校也培育出許多計畫寫手，但大部分的計畫為何總是著不了地，問題就出在於空有想法卻沒做法，或者沒耐心讓計畫按部就班實施，冀望擁有點石成金的魔法棒，所有念頭都能一蹴可成，甚至是貪多想將許多創意填鴨式都灌入一個計畫中，不懂得資源分配與收斂聚焦的策略選擇。就好像做一道創意料理，把想到的、找到的食材、調味料都扔進去攪拌，您認為這道料理的結果會如何？

大家也常說「策略」很重要，但可知一個真正好的策略、計畫，必須守住「有所為、有所不為」的分寸，懂得捨才會有得，如何正確拿捏才是一位真正事業經營者的功力所在。想的太多、做的太多，就會像吃的太飽一樣，讓人消化不良，甚至要看腸胃科醫生！點子多是好事，但要能用對地方並被實現，這個點子才會是值得追求的寶，才會是「好點子」非「耗點子」，才不會變成大家工作的累贅以及成為專案計畫的額外負擔。

【品牌價值工程　療方】

· 下針砭　凝心神　攻所好　布全局

　　類似謝老闆的個案比比皆是,我們先協助謝老闆將其創意條列記錄,並進行多維度的可行性、重要性、貢獻度評估與排序,讓謝老闆看清楚全盤狀況,以利於謝老闆的企業能抓對的方向、做對的事、明確該走的品牌之路,並聚焦發揮企業核心能力,善用企業有限的資源讓創意變生意,藉由逐步踏實的計畫使品牌圓夢,也讓謝老闆的好創意能被發揮實現並對企業有所貢獻!

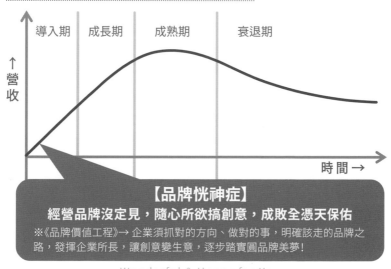

BLC各發展階段常見的品牌經營問題

導入期　成長期　成熟期　衰退期

↑營收

時間→

【品牌恍神症】
經營品牌沒定見,隨心所欲搞創意,成敗全憑天保佑
※《品牌價值工程》→ 企業須抓對的方向、做對的事,明確該走的品牌之路,發揮企業所長,讓創意變生意,逐步踏實圓品牌美夢!

~ Wonderful & Happy for You ~

reBrand

■ 品牌失能症

【徵　　兆】

號稱有知名品牌，但要促銷拼價才有業績，有面子、傷裡子。

- 您的品牌雖然有名氣，但沒有優惠、沒有促銷時，產品是否能賣得動？辦促銷所轉換出來的營收是否划算？
- 「物超所值」「買到便宜」是消費者正常的心態，但若非得依賴降價促銷才能有業績，絕非品牌經營該有的常態，品牌的存在價值也就不存在！
- 不拼價就能大賣的才叫是好品牌！

李董逢人就說自己的品牌很知名，在業界無人不知、無人不曉，不管是在實體通路或虛擬通路銷售的業績都蠻不錯的，凡是能搭上通路的特賣促銷檔期，訂單就會強強滾。但李董心裡卻有個不為人知的痛處，只要沒搶到特賣檔期廣告版面或落地陳列、不辦降價促銷、不大買關鍵字廣告，訂單就會很現實地說 bye-bye。也就是說每次的營業額都是砸大筆行銷費重本換回來的，有促銷有廣告才有業績，而且實際售價必須降到訂價的六成以下才會動，加上通路的費用、扣 %、買廣告等等費用成本後，真正淨利其實相當微薄，甚至有些重點檔期銷售量雖然很大，但都是在做心酸的。

　　價格戰是最能立即生效的行銷手法，卻也是最傷本、最偷懶的行銷手法；它如同金庸小説《倚天屠龍記》中所描述的崆峒派獨門武功「七傷拳」。傷敵七分自損三分，傷敵同時也會還諸己身傷自己，若説價格戰就是眾行銷手法中的七傷拳亦很貼切，萬一有操作不甚或是遇到強敵，還有可能變成傷敵三分自損七分的下場。降價可以很容易收買人心，但卻得不到顧客的忠心，尤其嚐過降價促銷甜頭的消費者，沒等到相同或更佳的優惠條件，就鐵定不出手消費。當顧客對貴品牌的印象是如此時，飲鴆止渴式的降價促銷就會變成常態不可了，甚至價格必須一再探底，否則觸動不了消費者的心。

　　若一位顧客是因價格引誘來購買您的品牌商品，則代表在其觀念中，品牌給他的價值感遠低於價格誘因，亦即其對品牌的重視度不高，甚至是漠視品牌的存在價值。因此這樣的顧客會因為促銷降價而來，隨時也會因為價格因素就劈腿到競業品牌，絲毫無品牌忠誠度可言，您的品牌存在價值有等於沒有。想看看，為何免會員費、品項選擇多、訴求「天天都便宜」的家樂福與訴求「業界最低價」的大潤發，其平均店業績卻比不上要收會員年費、品項少、價格未必最便宜的 Costco 呢？為何有民眾會以擁有 Costco 會員身分為榮，而鮮少提到擁有家樂福與大潤發會員身分呢？所以有句話説：「想拼價就甭談品牌。」您了解了嗎？

【品牌價值工程　療方】

· 思其職　畢其功　話風雲　匯江海

　　在此個案中，我們先協助李董重新調整布局品牌旗下各產品在
市場統合戰中的戰鬥任務組合，依不同通路屬性與促銷活動賦予各
產品不同的使命，並同時透過品牌拉力與推力的功能來發揮品牌的
地位與價值，導入可常態銷售的定價策略規範，界定出活動檔期的
作價辦法與非價格誘因，並掌握有效顧客名單來發展顧客服務，創
造出顧客對品牌有所求的高 CP 值需求，讓名氣真正能變成買氣！

BLC各發展階段常見的品牌經營問題

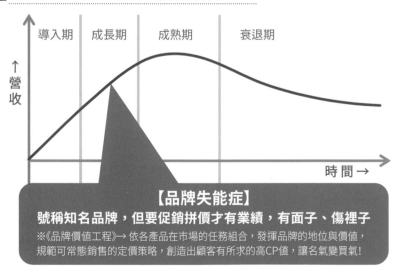

導入期　成長期　成熟期　衰退期

↑營收

時間→

【品牌失能症】
號稱知名品牌，但要促銷拼價才有業績，有面子、傷裡子
※《品牌價值工程》→ 依各產品在市場的任務組合，發揮品牌的地位與價值，
規範可常態銷售的定價策略，創造出顧客有所求的高CP值，讓名氣變買氣！

~ Wonderful & Happy for You ~

◨ 品牌高燒症

【徵　　兆】

養品牌燒錢當大爺，財散了人客還是空，掀開財報心痛萬分。

- 您在品牌上累計花多少錢了呢？砸在品牌上的費用有回收了嗎？還是當柴燒了？
- 我們必須面對養品牌是很花精神、也很花錢的事實，然而您是否有盤點過錢燒了後必須換回多少生意嗎？或者如放煙火般燦爛一時後回歸平靜？
- 賺錢很辛苦，燒錢很容易，但如何燒對錢卻是一門學問，用對方法，小預算也可以立大功！

　　盧會長是某某產業協會的創會會長，個性豪爽海派的他四處廣結善緣，所有只要跟形象或公益有關的活動，盧會長都大手筆認捐產品或金錢，故不論在公開或非公開的場合中，他與他的品牌總是最亮眼的，占的畫面版面最好也最大。他更是廣告業界中眾所皆知的恩客，砸廣告絕不手軟，上門拜訪的 AE 幾乎很少空手而回。如此豪爽的盧會長在外面是處處受歡迎的萬人迷，唯一不豪爽的是回公司後面對財務呈上來的財報，雖然營收持續成長，但赤字卻一再擴大，其中的廣告及公關費更是一路往上衝，公司 CASH-IN 速度永遠追不上 CASH-OUT 的速度！

　　裡子和面子孰重要？多半的業主都會說是裡子重要，但觀看這些業主實際的行為與投資的比重，卻總是將面子優先。原因無它，面子看的到，在市場江湖上闖蕩，走起路來較有風；裡子只有關起門來算帳自己才知道。譬如有些學校 EMBA 招生就是以企業品牌知名度與企業資本額等等顯性指標做為篩選標準，至於學員的道德或企業的財務風險這些隱性指標無法被看到、被量化，當然就難以列入篩選重點囉！同樣的，許多曾曇花一現的網紅打卡名店，它們亦是業主的面子重於裡子下的產物，這些打卡名店在規劃時都很著重吸引人氣，卻忽略了如何將人氣轉換成買氣，當外在美大於內在美時，最後結局下場當然是業主變苦主。主要預算都被房東和裝潢設計公司先賺光了，剩下寥寥無幾的小錢還能做什麼呢？請問，裡子和面子孰重要？您的想法真的等於您的做法嗎？

　　養品牌一定要花錢，但您是用投資報酬方式來養它或是做功德方式來養它呢？若是前者，短中長期投資效益評估與品牌商模規劃是必做的辛苦功課；若是後者，只要一個「爽」字就可以大方當快樂散財童子了，無須耗精神在算計投資成效上。想當個人見人愛、無憂無慮的品牌投資者並非不可，但別忘了先掂掂自己的口袋深度，是否足以供養品牌一輩子？

【品牌價值工程　療方】

· 善計較　重績效　切要害　懂收割

　　在此輔導個案中，我們先協助企業提列出每年盧會長的獨立公關預算與支出報表，與品牌預算做切割，再透過 PDCA 專案管理來協助企業掌控品牌投資預算與風險控管，亦從財務金流面擬訂出品牌可實際獲利商模來展開重點推動，規劃出一年／三年／五年的短中長期投資品牌進程計畫，凍結不必要的支出花費，讓公司盡快止血，並善用有限資源來聚焦經營品牌核心業務與創造績效產值！

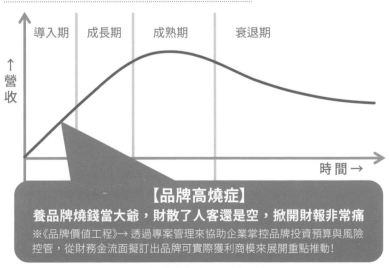

BLC各發展階段常見的品牌經營問題

導入期　成長期　成熟期　衰退期

↑營收

時間→

【品牌高燒症】
養品牌燒錢當大爺，財散了人客還是空，掀開財報非常痛
※《品牌價值工程》→ 透過專案管理來協助企業掌控品牌投資預算與風險控管，從財務金流面擬訂出品牌可實際獲利商模來展開重點推動！

~ Wonderful & Happy for You ~

reBrand

◼ 品牌夜盲症

【徵　　兆】

高掛品牌旗幟走江湖，顧客有看沒有到，老是消費同業的產品。

- 您的品牌真的有被目標顧客所關注嗎？明明大家都叫好，為何顧客消費時卻不買您品牌的產品呢？
- 我們必須認清「知名度」不等於「指名度」的事實；當顧客說喜歡您的品牌，跟實際消費時會不會選您的品牌是兩碼子的事。
- 您的廣宣引客布局是否有落實執行到購買當下的最後一哩路，否則就甭抱怨同業業績比我好！

　　老蔡是一個自我要求頗高且重視品味的經營者，在產品的品質上絕不馬虎，也花錢請一流設計師設計質感頗佳的新品牌形象及新包裝，這樣的新包裝亦得到國際知名設計評選單位的肯定與頒獎。老蔡自認為如此優質等級的產品，加上自產自銷的價格也有優勢，勢必可以輕鬆將所有同行競爭者全都比下去。可惜事與願違，在一口氣上了所有知名連鎖通路後，銷量迴轉竟然達不到被老蔡瞧不起的同業一半，甚至陸續收到通路有可能下架的警告，辛辛苦苦打造的有品味品牌也沒出現在消費者的話題中、心頭上。老蔡丈二金剛

摸不著頭緒,問題到底會是出在哪?

　　在資訊化時代,除了產品品質變透明化、產品同質性高外,設計工具與設計技巧也越來越普及,品牌在市場戰役終究得回到經營力與顧客滿意度的地面肉搏戰來決勝負。品質要好、包裝要好……這些都已淪為做品牌的基本條件,至於價格是否有優勢必須由顧客對品牌的價值認定來判定,非單方面由類似產品相對價位高低來決定。因此,品牌的競爭力不再只是表面呈現,檯面下的通路經營、顧客經營……等等配套作為都會影響到這個品牌在顧客心中的地位及願意消費的價值,而最終也將會反應在顧客的購買力上。

　　有言道:「情人眼中出西施。」格調無所謂高與低、設計無所謂好與壞、價格無所謂貴與便宜、通路無所謂大與小、行銷亦無所謂對與錯,市場買氣並非由老闆一人決定,只要能讓目標顧客看上眼,生意自然就能上門。所以要先讓品牌能被目標顧客知道(Attention),然後用價值讓顧客產生心動的興趣(Interest),也預先建構方便顧客打聽與搜尋的情報(Search),並在對的時間或地點刺激出顧客消費的慾望(Desire),再促成消費行動的直接或周邊服務(Action),最後鼓勵引導顧客將滿意的消費經驗分享給親友們(Share),就不難創造出漂亮的循環消費商機。在這樣依循「AISDAS 消費行為法則」的商模推動路徑中,品質、設計、價格、行銷、通路……等等配套的布局都得到位,才不致於淪為叫好不叫座的遺憾!

【品牌價值工程　療方】

・點明燈　敲鑼鼓　播善果　傳口碑

　　面對此類個案，我們的輔導都是以彰顯、放大老蔡品牌的消費利基為重點，找出獨特性賣點做為行銷訴求，鎖定有效的顧客、通路與傳播媒介來聚焦經營，建構出品牌經營的高度／深度／廣度與長度，藉此吸引消費者對品牌的關注。並依消費行為法則著力於售前／售中／售後的服務布局，讓目標顧客不再成為漏網之魚，也讓老蔡之前投資的品味能產出實質效益！

▨ BLC各發展階段常見的品牌經營問題

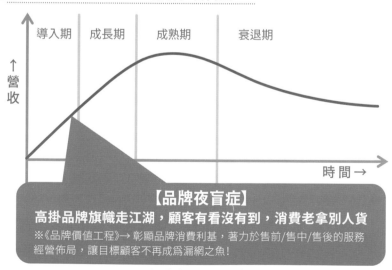

導入期　成長期　成熟期　衰退期

↑營收

時間→

【品牌夜盲症】
高掛品牌旗幟走江湖，顧客有看沒有到，消費老拿別人貨
※《品牌價值工程》→彰顯品牌消費利基，著力於售前/售中/售後的服務經營佈局，讓目標顧客不再成為漏網之魚！

～ Wonderful & Happy for You ～

5

品牌
進化論

品牌進化是為了不想輸

不想輸在起跑點

也不想輸在最終點

更不想輸了團隊面子和裡子

品牌進化是為了找出路

找出伸展的舞臺

找出有陽光的未來

找出可以傳承下一代的新藍海

品牌進化也是為了求生存

挑戰進化的對手

也要挑戰進化的新環境

更要挑戰自己進化的挑戰新目標

品牌進化沒有做不到的藉口

除非

不想活

■ 物競天擇、適者生存

　　科技始終來自於人性，也改變人性，品牌是為人而誕生的，更是與人性息息相關。隨著科技快速的發展，人類經濟活動的步調也隨之加速，我們生存在一個不斷改變的世界，新的資訊與新的技術

幾乎不到兩年就會更新一次，「十年磨一劍」的論調早已跟不上時代的變化，我們面臨的是瞬息萬變的競爭環境，以前視為不傳之祕的知識、資訊、技術皆已公開透明化，有限的資源面臨更多需求者的搶奪，原料、人事、物流、通路……等等費用持續上漲已成必然。面對改變、面對更嚴苛的競爭，您的企業、品牌要如何在未來的市場上「存活」與「獲利」呢？

■ 這是一個品牌必須進化改造的年代

　　早期發展品牌的思維都是著重在設計師主導的「品牌創意」與「品牌設計」上，設計師的功力通常能左右品牌視覺價值的高低，但咸少考慮到市場攻略的「品牌經營」面。在文創年代又導入了「品牌風格」與「品牌故事」兩大元素，期待透過這兩者來拉近與消費者間的距離，但仍然是意圖透過企業自我意識來洗腦消費者。當品牌設計好了、故事也講了，接下品牌就自然能幫您賺錢了嗎？

　　繳過不少學費後，許多業主開始覺醒，品牌的進化並非只有在品牌視覺設計或產品包裝上，也不是只找網紅、做廣告、上媒體就叫進化。重要的是必須透過「市場重定位」、「消費利基」、「競爭攻略」、「價值商模」等的再進化工程來幫企業掃除障礙、趨吉避凶、發展新藍海商機，開發出可以獲利的商業模式，如此新的品牌視覺、包裝與新的媒體行銷才能有發揮的舞臺。更重要的是品牌

進化目的是為了能「攻占下未來的市場」!

> 品牌不進化
> 就會自然老化
> 「活品牌才能説話」

■ 「變」是世上唯一不變的真理

千百萬年來地球一直在改變,萬物也一直隨之進化求生存,不動如山的就會自然淘汰。在快速變化的現代競爭環境,死守「以不變應萬變」的舊觀念,無疑是跟不上時代、坐以待斃。新的知識、新的技術、新的觀念、新的需求,以及新的競爭者,隨時在挑戰我們企業與品牌的存活能耐。唯有「改變」才能讓我們有機會繼續生存,唯有「改變正確」才能讓我們繼續擁有競爭優勢。進化與改變的第一件事就是業主要先**「變心」**,想攻占新市場、服務新客源,我們就得換腦袋才行。如果您願意挑戰「Impossible」的保守觀念,凝聚進擊「possible」的勇氣,我們企業與品牌才能被進化!

■ 進化是變態，非僅是表態

　　如同 Pokemon 精靈寶可夢，每次進化變身後的戰鬥實力及能力必須大幅躍進，絕非只是換個妝、改個名、出個新品而已。跨域與跨界的經營也是進化常見的型式之一，但隔行如隔山，沒準備好就亂跨、隨意斜槓，很容易變成胯下之辱、斜槓變成臉上的三條槓。進化的表現在於特定市場經營戰鬥指數的飆升，進化的能力來自於單點突破或複合加乘效益。有時，欲練神功沒變身也可以進化，我們必須放下、甚至否決過去以製造導向的量化 KPI 思考模式，從服務模式的質化創新才是未來品牌進化的方向關鍵。進化的目的在於布局未來市場的經營籌碼，您要挑戰的也是未來的競爭者，不要只想 PK 過去的競爭者當榮耀！

▶ KPI（關鍵績效指標 Key Performance ｉndicators）要掌握的是「關鍵影響點的指標」，未必是等於最終的量化績效數值，猶如俗話所説，抓對了粽子繩頭，一切就能順勢而為。

> 品牌進化的目的
> 就是要改變
> 「在未來市場的競爭地位」

■ 天下武功，唯快不破

　　十倍速的時代，速度決定勝負，慢條斯理就等著被超車、被淘汰。進化的步調決定您在未來新世界的卡位機會，慢郎中就得付出更大成本籌碼來彌補慢半拍的落後距離。想當品牌領導者，就必須要成為高瞻遠矚的鷹隼，提前鎖定百丈之外的未來時空目標，以「快、狠、準」的飆速來獵取囊中物。兵無常勢、水無常形，能因敵變化而取勝，謂之神。在競爭求生的市場，想稱王稱神，不能老是被動應變，否則極容易亂了自己已規劃好的章法與進程，唯有制敵機先，方能先下手為強，應變的能力與速度，能彌補先天的不足。因此我們必須用動態來看品牌市場賽局，您的進化也必須是動態的！

■ 成者為王，敗者為寇

　　品牌進化要有企圖心，無法稱王的進化只是徒然浪費力氣與資源。企業與品牌都必須懂得市場區隔、劃地為王的戰術策略，方能獲得在領地呼風喚雨的 POWER。真正一流的企業及品牌要擁有是訂制度的權利，其餘次級的企業／品牌就只能淪為 Follow 制度的追隨者。因此，想在產業或區隔市場稱王，必須要有當王者的氣度與領導力，要負責帶領轄下臣民開疆闢土、創造多贏，也要能讓轄下臣民豐衣足食，非頤指氣使占盡他們的便宜、剝奪他們的商機。

若您現在的資源尚不足以號令天下稱王，就先從區隔市場找新舞臺做起吧，小小兵也可以成為一方霸主。想成為王者，您就得先找到有利於自己品牌「趨吉避凶」的舞臺！

◾ 利字擺中間，利人亦利己

　　進化是個捨與得的過程，想進化就必須脫下多餘塵殼、拋棄多餘累贅，方能輕鬆成為飛龍在天。進化的手段在於重新定位自己「被利用的價值」、重新建構屬於自己的利基市場、重新提供顧客更佳的利益。進化的目的在於為自己與客戶都創造更多的利潤，利字當頭，沒有任何品牌紅利好處，進化就屬多此一舉。進化是市場攻略的利器，但也是容易傷己的兩面刃，必須有把握了再做，切勿隨興搞創意花招，反而容易傷了自己，創意沒成反變成創傷！品牌世代家傳觀念已成過去式，我們必須用「動產」的觀念來經營品牌，包含投資與「買」和「賣」的操作，也包含停損的拋棄割捨。

　　居於不同的產業、不同的市場、不同的位階，品牌要進化的項目與方式皆有所不同，謹以許多製造業者關心的從 OEM（受委託製造 Original Equipment Manufacturer）進化到 ODM（設計代工 & 製造 Original Design Manufacturer），再進化到 OBM（自創品牌 & 製造 Own Branding & Manufacturing）為例做比較說明。當製造業要從 OEM 製造服務進化到 OBM 品牌服務業時，企業就

reBrand

得評估投資「**設計開發能力↑**」、「**品牌設計能力↑**」、「**品牌經營能力↑**」與「**業務開發能力↑**」等項目,亦須因應「**整體成本高**」、「**投資風險高**」、「**是否具競爭力**」及「**是否侵權**」……等問題,絕非只有業主想的只要取個名及設計視覺商標就是品牌那麼簡單。路走歪了就很難順利到達目的,這也解釋了製造業想自創品牌的進化門檻難度所在,以及失敗率為何如此高的原因。

製 造 業 → 服 務 業

OEM Original Equipment Manufacturer 受委託製造	**ODM** Original Design Manufacturer 設計代工&製造	**OBM** Own Branding & Manufacturing 自創品牌&製造
[必備優勢] 製造能力↑ 採購成本低	**[必備優勢]** 設計開發能力↑ 擁有關鍵技術or能力 業務開發能力↑	**[必備優勢]** 設計開發能力↑ 品牌設計與經營能力↑ 業務開發能力↑
[潛在問題] 價格取向→利潤低 市場掌控力低	**[潛在問題]** 研開發投資成本高 研發方向須中組 是否具競爭力 是否侵權	**[潛在問題]** 整體成本高 投資風險高 是否具競爭力 是否侵權

　　當一隻猴子想進化成人的時候，族裡的規矩是要舉行去除尾巴的儀式，在喜悅迎接將進化成人的此時，牠同時得面對要將尾巴切除的五種猶豫：

【猶豫一】
生理層面的問題→切除連身的尾巴會不會很痛？
【猶豫二】
心理層面的問題→少了跟隨一輩子的尾巴會不會不習慣？
【猶豫三】
安全層面的問題→沒了一條尾巴，走路會不會不平衡？
【猶豫四】
信心層面的問題→將尾巴切除後，真的能變成人嗎？
【猶豫五】
社會層面的問題→變成人後，猴兄猴弟們是否還願意跟我在一起？

　　沒錯，品牌進化一定會面臨陣痛、面對新市場環境、改變過去的操作習性，若害怕，猴子就永遠沒機會進化成人，品牌也難以再進化！但，即使切除了尾巴，猴子也未必能變成人，因為沒尾巴是進化的結果之一而已。進化的重點在於改變操作習性及面對新市場環境，人類沒尾巴只是外在的表徵，千萬別倒因為果，誤以為這就是進化的唯一標準答案！

　　故，品牌進化人人都想要，但絕非重新命名、重新設計 VI、

重新開發新包裝、重新寫故事、重新搞宣傳就能讓品牌進化及擁有更高段的市場競爭功力。品牌進化也包含跨域的昇華,如從產品品牌昇華到通路品牌、平臺品牌、公益品牌、產業品牌等等,昇華後的品牌經營又將勢必會是另一個新模式、另一種新挑戰、新潛規則。凡事起頭難,想要進化品牌就必須讓企業主及品牌經營者先從四項基本觀念改造做起,這是筆者輔導品牌改造工程中的第一關,也是最難的一關:「進化心態的改變」。當他們願意換思考之後,品牌才能有機會煥然一新:

1. 面對它:品牌不是一個東西,它是一份「情感」。
2. 接受它:品牌並非天生萬能,它必須被「投資」。
3. 處理它:品牌經營是很燒錢,它得要能「創價」。
4. 放下它:品牌非自己的私產,它須歸屬「顧客」。

　　哪些品牌必須被進化?當您發現自己的品牌有面臨以下任一項問題時,您就得好好思考自己的品牌該如何進化,方能夠在未來的市場競爭中搶占有一席之地,亦不至於如水煮青蛙一般不知不覺被同業、潛在競爭者或替代者將您淘汰出局。

□ A. 非常想要擁有品牌,但缺乏品牌經營的實務經驗或專才。
□ B. 擁有好產品、好品牌,但卻沒人知道或不懂推銷自己。
□ C. 有了品牌與產品,卻找不到特色賣點,摸不清顧客要什麼。
□ D. 品牌曾經叱吒風雲過,但面臨世代的交替,要找回春之術。

□ E. 急著想讓品牌發光發熱，找不到好方法，不知下一步怎麼走。

□ F. 市場經營表現不錯，但成長受限，必須找出品牌創新突破點。

□ G. 想 ODM 與 OBM 雙頭並進，又擔心得罪代工客戶。

6

品牌進化
關鍵要項

品牌的態度決定品牌的高度

不論有品無品都是牌

牌好牌壞看人賣

進化風水輪流排

潮起潮落是常態

競爭就得端好菜

策略戰術忌用猜

定位清楚樓不歪

消費利益能掛懷

顧客才是真總裁

商機掌握莫等待

上家下家串起來

市場炒作一起抬

打遍天下不意外

　　大家是否還記得《西遊記》中孫悟空偷吃蟠桃的這段故事嗎？蟠桃三千年才開花、再三千年才結果、再三千年才成熟，如此珍貴的仙境極品奇果卻被孫悟空一次啃光整棵樹的蟠桃，您是否會說孫悟空太浪費了王母娘娘的蟠桃？或是他太頑皮了嗎？對凡人來說，蟠桃是延年益壽的仙果，對仙班來說，蟠桃是上座恩賜的獻果。對孫悟空來說，蟠桃只是山間好吃的鮮果，不吃太可惜了，根本不存

在浪不浪費的想法。品牌亦是如此,業主、消費者認知不同、立場不同,價值也就隨之不同!

　　品牌在賣的是消費者的體驗及認同感,相較於賣產品所訴求的功能及規格,品牌的表現將會是偏感性的,但品牌的經營卻絕對是理性的,也就是這樣的感性加理性的特質,讓不少不明就裡的品牌經理人在操作上撞了牆。品牌能長壽或短命並非天註定,能成王或淪為敗寇也都必有其因。我們將品牌的發展概分為四大進程,「品牌規劃期」、「品牌建置期」、「品牌推廣期」及「品牌進化期」,每個進程都有它的重點任務,沒練好馬步就匆促上路,難免會囫圇吞棗、亂了章法,當然會步上錢打水漂卻無收穫的品牌冤枉路。

1. 首先是有夢最美的「品牌規劃期」:規劃期必須執行的任務包括企業經營診斷、品牌定位設定、品牌策略規劃、品牌投資評估,除了前三項外,「品牌投資評估」是身為品牌經營者或品牌顧問必備的能力,攔阻沒有效益的投資,更是品牌經營者或品牌顧問責無旁貸的任務。

2. 其次是逐步踏實的「品牌建置期」:建置期必須執行的任務包括讓品牌具象化的消費命名、品牌視覺設計、品牌包裝設計、品牌應用設計,建置期的產出重點在於如何協助品牌快速建立消費印象、讓目標顧客有感,沒有合乎上述這樣重點的品牌建置產物都不應該核准通過。

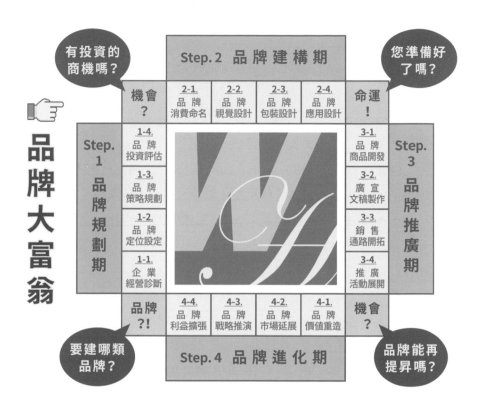

3. 其三是夢想成真的「品牌推廣期」：推廣期必須執行的任務包
括品牌商品開發、廣宣文稿製作、銷售通路開拓、行銷活動展
開，推廣的目的就是要將品牌的好讓目標顧客知道，促成品牌
商品成為顧客心中的首選，因此與消費者溝通很重要，切勿閉
門造車。

4. 最後是脫胎換骨的「品牌進化期」：進化期必須執行的任務包
括品牌價值重造、品牌市場延展、品牌戰略推演、品牌利益擴

　　張，這部分是本書的重點，品牌的進化未必一定要更動品牌的視覺，但一定要讓品牌的市場價值提升，若無法創造出新的品牌利益，就不算是品牌進化了。

　　前兩階段「品牌規劃期」與「品牌建置期」決定品牌的先天體質，後兩階段「品牌推廣期」與「品牌進化期」決定品牌的後天競爭力，您的品牌走到哪個階段了呢？有家數十年的老品牌面臨產業景氣的低迷，為了轉型來打造新商機，決定重新進行品牌改造，但花大錢推動組織再造，新上任的品牌經理人也引進新的設計公司重新設計好品牌 VIS 及推出調整的新產品後，客人沒變多、業績也沒翻轉，接下來卻不知該何去何從，您認為問題會出在哪？答案很簡單，業主並未依品牌發展進程從第三階段「品牌推廣期」提升至第四階段的「品牌進化期」，卻走回頭路做第二階段「品牌建置期」的工作，單憑新 VIS 及新產品就妄想扭轉產業景氣的低迷，沒真正脫胎換骨當然得不到期待的創新轉型成效！

　　「做品牌為何沒賺大錢？」這是許多業主心中的狐疑。沒錯，本來對投資品牌的期待就是要能創造數億以上的商機才對，是什麼問題會讓眾老闆們得了「失憶症」呢？經過個案考察後，筆者將其盤點出以下十二項常見的病因地雷，眾老闆們請好好算一算自己踩到幾顆讓自己「失憶」的雷了：

☐ 　1. 有組織，沒合作
☐ 　2. 有行銷，沒內容
☐ 　3. 有計畫，沒目標
☐ 　4. 有挑戰，沒工具
☐ 　5. 有資源，沒人用
☐ 　6. 有產品，沒品質
☐ 　7. 有廣宣，沒收割
☐ 　8. 有生意，沒錢賺
☐ 　9. 有人才，沒舞臺
☐ 10. 有願望，沒執行
☐ 11. 有創意，沒商機
☐ 12. 有品牌，沒市場

　　對已在市場行走的品牌，要進化、要「不失憶」的關鍵要項有二，一是如何強化在外部市場 PK 用的「品牌競爭力」，另一則是如何強化內部經營求生存用的「品牌獲利力」，當上述「品牌競爭力」與「品牌獲利力」兩力合一時，品牌績效與獲利自然就能如虎添翼一飛衝天。若兩力皆沒到位，進化就只能純粹當做精神口號喊喊。

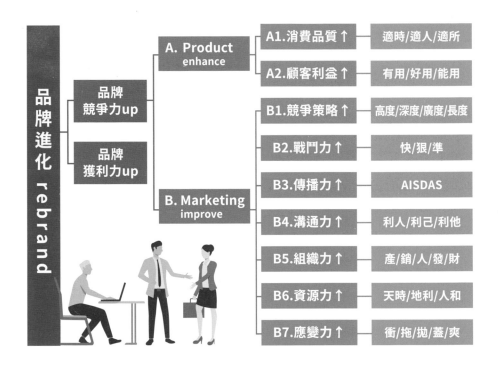

■ 品牌競爭力 up

　　在自由競爭市場上，品牌的功能有攻與防兩項任務，「攻」就是拿來橫刀奪愛、強搶別品牌的顧客，「防」就是拿來鞏固地盤、堅守自己品牌顧客，品牌競爭力無異就是兩軍對抗或多軍混戰時我軍的戰鬥配備武力。故無庸置疑，品牌競爭力必須提升是眾所皆知的常識，但許多企業經營者不知道的是，自己的品牌競爭力缺口在哪？該做哪些事情才能達成品牌競爭力提升的效益？在此，筆者分析觀察許多品牌無法順利進化的障礙問題面向，逐一盤點並列出輔導經驗供有心進化品牌的業主做參考：

A. Product enhance

A1. 消費品質↑

　　沒品質就甭談品牌，品質若沒到位，行銷玩得越成功，這個品牌就越快壽終。所以任何品牌行銷輔導案，筆者一定先做品質盤點與推動品質改善工程，好的品質＋好的行銷才能讓品牌無後顧之憂雄霸市場，否則，品質不行，再多的行銷努力也是白費時間、金錢、精神而已。

　　品質的標準並非一定要 100 分才可以，有時必須配合目標客層的需求來制定，一味追求極致的完美品質，經常會落到曲高和寡的下場。有一家餐廳主廚堅持用最新鮮的食材＋現場手作的理念，雖然饕客拍手，但當大部分顧客在吃過一回需久候近兩小時才上餐的美味後，就失去再消費的意願了。另有一家手搖飲料店因為裝潢太高級了，反而讓年輕消費者保持距離不敢靠近，類似這樣以高品質為訴求的庶民餐廳能存活下來的很罕見。成本過高、消費過程太繁瑣、中看不中用、高不可攀……等等都是常見的品質要求過頭的後遺症，切記，過與不及皆非好事！

　　品質的提升首重「質化」的價值化與「量化」的標準化，在生產技術及知識管理飛進的今日，落實生產管理及服務管理乃是有效提升消費品質的必備基本功，曇花一現的爆發性的創意點子在此反

而是一大禁忌。

A2. 顧客利益↑

　　不管是理想型或務實型的消費，在顧客的內心最在意的就在於這次「交易」中，他能交換得到什麼樣有形或無形的利益？利益值放送越多（非顧客在意的、想要的就不能算是利益），顧客認知的品牌 CP 值（性價比或成本效益比 cost-performance ratio）就越高，越有消費意願與引發消費行為，反之亦然。

　　消費者總是基於他們在品牌上可以獲得的最大利益來選購品牌產品，想滿足顧客所在意的 CP 值，降價是最快、最輕易但也是最笨、最不可取的方法，因為這種殺雞取卵的方式將帶來顧客對品牌價值不信任感的傷害，更會傷害到初期就支持您的忠誠顧客的心。扣除降價促銷的手法，欲提升顧客利益通常可從「功能性利益」、「體驗性利益」及「象徵性利益」等以下三方向來著手強化：

1. 功能性利益（functional benefits）：解決內在產生的消費需求，透過強調或增加品牌產品的功能表現來提升顧客利益。這些利益通常聯結了相當基本的消費動機，例如「吃到飽服務」滿足生理需求的利益，而「通過××檢驗標準」滿足安全需求的利益。

2. 體驗性利益（experiential benefits）：透過使用此品牌產品或服務時所引發愉快的認知、認同或感覺，加強滿足消費者經驗性的需求如感官享受、知覺上的取悅、多樣化及認知上刺激來提升顧客利益。例如「流行趨勢」滿足社會需求的利益，「客製化服務」滿足自我實現需求的利益。

3. 象徵性利益（symbolic benefits）：透過提供使用品牌後的地位、影響力等訊息效果來提升顧客利益。當消費者使用一個品牌，消費者就與這些訊息產生關聯，在他們的心理會覺得他們具備了此一品牌的形象，或能與此品牌地位連結，例如「第一品牌」、「名人御用」等等滿足尊榮需求的利益。

B. Marketing improve

B1. 競爭策略↑

　　即使是已位居市場翹楚的產業領導者，在品牌經營上從不存在無敵手這件事，如同管理大師麥可‧波特（Michael Porter）提出的企業競爭力評估模組，「波特五力分析模型（Michael Porter's Five Forces Model）」，除了與眼前同業的競爭力直接PK外，對上游供應商及下游客戶的議價能力、對替代者與潛在進入者的防禦能力，都是不容忽視的挑戰，上游供應商或下游客戶他們也都可能隨時轉向劈腿跨過來分食您的市場大餅，替代者與潛在進入者亦會在我們不注意時浮上來掠食。誰會搬走您的乳酪？千萬不要只想到老鼠而已！您會搬走誰的乳酪？大家心裡應該有數囉！

　　市場爭奪之戰要如何打才會贏？若說產品是品牌的硬實力，那麼「謀略」就是品牌的軟實力了。謀定而後動，知止而有得，萬事皆有法，不可亂也；競爭策略若只有談如何擁兵自重、如何親自下戰場討伐攻防之術，只能算是下策；如何透過乾坤大挪移、借力使力的「合縱連橫之術」才是運籌帷幄、決戰千里的祕學。懂得把來自同業、供應商、客戶、替代者、潛在者的威脅阻力翻轉變成我們的品牌經營助力，且能同時挑戰顧客的需求並建構攔阻後進者的障礙，這才是競爭策略的無上高招，也是品牌經營者必須面對的挑戰所在！

當我們在謀求進化時，別忘了對手也無時無刻在力爭上游中。競爭策略要提升就得先勇於挑戰自我的障礙，先「做好」「做對」知己知彼 SWOT 競爭力分析的基礎功 —— 從機會（Opportunities）與優勢（Strengths）中找商機、從威脅（Threats）與劣勢（Weaknesses）中補不足，再透過市場可行性、技術可行性及獲利可行性分析手法，在眾多頭緒中去蕪存菁、抉擇出一條可以讓品牌趨吉避凶的低風險康莊大道。

B2. 戰鬥力↑

想擴大市場的滲透與占有，除了策略布局能強占先機外，品牌戰鬥力猶如負責堅壁清野、占領戰場的步兵，將是左右最終能收成多少市場商機利益的關鍵。品牌戰鬥力談的是總體戰力的運用，含括**「產品力」×「經營力」×「前瞻力」**的總成，三者之間的關係是「乘法」，亦即相輔相成將能帶來倍數成長的績效，但若其中有一項缺失，也將面臨無情的崩跌牽連。

品牌戰鬥力 KPI（關鍵績效指標 Key Performance Indicators）真的很難量化嗎？其實是可以的，最簡單的方式是回推出要讓品牌戰鬥力能提升、能產出更佳效益時，必須完成的重點工作有哪些？並詮釋出這些重點工作所謂「完成」的進度定義，這就是品牌戰鬥力提升 KPI 的來源。例如：為了做夏天的生意，飲料品牌商必須在 4/30 前完成新品的量產、5/31 前完成✕✕✕等十家主力通路的

鋪貨上線、6/15 時品牌廣告將在××等七個媒體同步露出……等等。至於品牌經營所創造出來的營收成長是結果論,沒有前面種的因,哪有後面的果可採收?企業最常見的謬誤就是將最後的成果目標設為唯一 KPI,例如七月分品牌新品營收達 500 萬元,忽略了前面過程指標對最終成果目標的影響重要性,例如新品的量產日若延遲到 7/10 才完成,七月分的營業目標就會變成天方夜譚了。設錯 KPI 的管理對象就難以達標。

　　想提升品牌戰鬥力有太多可切入的點,可以從改善後較易成長或有較大成長空間的項目來著手,其次才是挑戰瓶頸的項目,改善後也無關緊要的項目就先擱一旁,至於如何挑選改善項目?請好好填寫前面所提供的「**我的品牌戰鬥力　簡易自我診斷表**」吧!

B3. 傳播力↑

　　「傳播」乃是將訊息透過媒介讓目標對象知道,因此一個成功的品牌傳播有三個基本,但非常關鍵的要素必須掌握──「目標對象」、「傳播媒介」、「訊息內容」,這三者缺一不可。當您的品牌、產品及賣點訴求都準備好了,接下來的重點就是要推動「好東西讓好朋友知道」的工作,確認好朋友是誰(目標對象)?透過什麼方式來讓好朋友知道(傳播媒介)?要讓好朋友知道有什麼好東西(訊息內容)?品牌才不會老是宅在家。目標對象、傳播媒介、訊息內容這三要素說起來簡單,卻是大部分品牌經營者有待加強提

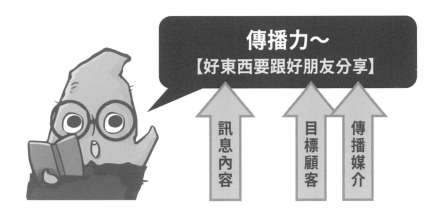

升的傳播基本要務。

在網路時代，最普及的也是最氾濫的就是排山倒海的資訊，傳播似乎變的很簡單卻又很難，因為每人每天接受到的資訊都超量爆炸了，如何讓目標客戶接收與理解到您的品牌訊息才是要面臨的挑戰。曾有一位市議員候選人當選門檻僅須不到一萬票，卻大手筆在整個市區買下許多戶外廣告以及做了不少大眾媒體傳播，但最終還是低票落選了，不僅目標對象、傳播媒介、訊息內容都搞錯了之外，缺乏互動溫度的老王賣瓜式單向傳播，除了圖利媒體廣告商外，是很難打動現在人的心，傳播績效當然會打到腰斬再腰斬囉。

傳播不在多，而在精準與有效！故要提升傳播力，有準頭遠比加碼預算來得實在；傳播最忌霰彈槍打鳥的玩法，目標對象沒對準，發射再多彈藥也打不下一隻鳥。傳播就要如來福槍般必須能精

準鎖定目標與有效媒介（人與物皆是媒介之一），訊息內容能打動目標顧客的心，傳播成效自然就能彰顯出來。

B4. 溝通力↑

當水管阻塞不通時，不是氾濫成災，就是會藏汙納垢造成環境困擾。您會如何處理？買通樂來倒就一定會通嗎？想要解決品牌溝通阻塞的問題，就必須找出造成阻塞根源的關鍵人、事、物，以抽絲剝繭的方式疏通、解套，必要時大刀闊斧改革、開闢新路也是選項之一。只要能打開溝通阻塞的癥結點，其他小淤泥自然就被沖刷乾淨，但若未能對症下藥，反而會形成更大溝通阻塞的堰塞湖。

品牌要溝通哪些事情呢？品牌溝通又可區分為對內溝通項目與對外溝通項目，例如品牌理念、品牌定位、品牌訴求、品牌利益、品牌故事、品牌風格……等等，看似很多，但最重要的溝通項目是對外的「消費者利益」，讓目標顧客清楚知道這個品牌可以解決什麼問題、可以帶來什麼好處、可以創造什麼價值，只要能將消費者利益溝通好了，其他的溝通項目就不太重要了！

一家以經營異國料理為主題的新餐廳，委託知名建築設計師設計，使用最好、最貴的國外進口裝潢材料為賣點，以及撰寫業主是為了思念故鄉而創業做為品牌訴求，但這樣高成本的投資卻無法反應在營收上，原因就在於這樣的賣點與訴求滿足的僅是業主的願

望，炫富裝潢及溝通內容無法幫消費顧客解決任何問題、帶來任何好處、創造任何價值，所以一年後只能眼睜睜看著豪華的裝潢便宜頂讓了。

溝通不等於命令或規定，想提高品牌溝通力要從同理心著手，首先必須先讓自己「想通」，其次必須從對內溝通與對外溝通兩處著手。唯有讓內部人員認同品牌經營理念、讓外部顧客清楚品牌消費利益，內服＋外敷方能讓品牌經營與溝通暢通無阻，想想看，自己少做了或做錯了哪一項呢？

B5. 組織力↑

企業花錢請員工，就是要員工能幫公司賺錢，因此在評估人事組織績效時，我們要在意的是「人均產值」，而非「用人數」。這也是在協助處理客戶的營業所吵著要公司增加人力時，筆者告知說想要增加人力應是由營業所主管自行決定，無須詢問總公司的意見，但營業所主管需交待整個營業所組織再調整後的「獲利貢獻」與「人均產值」提升成績單，要不要增加人力的答案是可以用量化來評估的。

品牌的經營成效與企業組織統合的綜效亦是息息相關的，一個品牌的成敗連帶影響到企業的營收與獲利，所以品牌成敗從來就不是只侷限於行銷單位人員的責任而已，企業員工的向心力跟品牌的

市場影響力通常都有正向關係，尤其是產／銷／人／發／財各部門組織運作管理越來越上軌道後，少了內耗阻力，多了上下游部門的資源支援以及專案組織的推動，品牌的光芒越容易被擦亮、被發揚光大，品牌的收割戰果也會更豐盛。

想做好品牌經營，不可能只靠一個人的力量，好的團隊必須要有高度的互信，Team Work 成效才能被放大。組織力談的是企業戰力的組合，猶如下棋，我們必須善用各種棋子的特性組合來攻敵與誘敵，才能順利將軍對手。是故，一個品牌的經營若只做到對企業外部開拚命疆闢土，疏於經營企業內部的跨部會資源整合與員工認同溝通，即使市場前景大好，也經常會遭遇到禍起蕭牆的逆襲，沒安好內，如何能放心攘外！

在遇到景氣危機時，就束手無策了嗎？曾有一家 OBM 製造廠推動全員行銷，在不景氣時逆勢創造出了 30% 營業成長，原本單靠行銷營業部門再努力也不可能完成的事，卻讓其他非行銷營業專業部門的員工所共同達成。其原因除了因為增加員工直銷的銷售營收外，更重要的是讓全體員工參與品牌的經營所帶出的同心協力氣勢，以及共享行銷成果的分紅制度，打破過去部門間自掃門前雪的隔閡，行銷部門得到全公司的大力支援，有了共同努力目標，品牌的形象與績效當然氣勢如虹。

一個員工的能力不該被所屬單位組織的職能所侷限，組織力想

要提升，就必須定時進行人力資源盤點，並且透過彈性專案組織管理的推動來打破僵化的組織建制，跨越既有部門你、我、他之間的藩籬，縮短彼此之間的溝通距離。原來的部門專業分工的任務職掌沒有改變，但增加了達成共同目標的合作使命，自然就能打破本位主義，形成有效能的新領導統御組織。

B6. 資源力↑

在印象中，您認為什麼是「資源」？請細數您自己擁有哪些資源？資源是廣泛名詞，它指的不僅是金錢，只要能被我們掌控的、指揮的內在的或外在的有形事物及無形關係，都屬於資源的範疇，例如：設備、專利、人脈、客戶、形象……等等，當您了解資源的定義後，就會知道您、我、他每個人其實也都握有滿手資源的，只差在會不會運用而已。身為品牌的經營者必須熟知「可用的資源在哪」、「這些資源該如何運用」兩大資源整合技能，就能如同孫悟空七十二變一樣，變化莫測。

筆者曾在一家上市公司負責蒐集市場情報的任務，在不花一毛錢的狀況下，就能每個月提供未來三個月即將上市的競業新品資訊給高層做經營決策參考，如何做到的？這就是資源整合的呈現。品牌經營的預算絕對有限，但企業的資源卻是源源不斷的，重點在於您是否懂得左右逢源之術，懂得如何從老闆、主管、同僚、供應商及客戶，甚至是競爭者身上找出可用的資源。

　　有一家傳統製造業面臨時代環境的變遷，轉型是勢在必行之路，在股東沒允諾提撥特別預算下，我們應用其累積數十年的近百項閒置專利，在總經理可以決策的權限之內，重新發展出可左右客戶訂購流程的創新商業模式，從此逐漸衍生發展出新的獨立事業體，其營收也在短短五年內超越母公司，成為讓股東另眼相待的明日之星。所以，別老是抱怨手上的品牌經營預算不足，許多能助於品牌發展的資源早就擺在眼前，就看您是否能成為識貨的伯樂？

　　想發揮資源力就要先「結善緣」，方能做到借力使力不費力的境界。想讓品牌資源力提升的竅門無它，就在於您「資源整合」的乾坤大挪移功力練到第幾層了，首先務必盤點列出企業內外可運用的資源關係清單，再從中擷取可控的、有效的、具特色的資源來發揮，透過在手資源的加／減／乘／除等技法重新排列組合，隨時信手拈來也能變出一桌品牌好料理。

B7. 應變力↑

　　天有不測風雲、人有旦夕禍福。品牌在市場的運作隨時會因為環境、法令、人為等外在或內在變因所造成的蝴蝶效應（Butterfly effect）而有變數，若無法因應這些不請自來的變數，輕者小損、重者內傷或死亡都很正常。故，品牌想成功就必須能渡劫，至於能否渡劫成仙或是渡劫失敗的關鍵就在品牌的體質強弱與見招拆招應變的能力高低，完全取巧不得。

俗話説：「世界上唯一不變的真理，就是改變！」尤其在十倍速的時代，昨日的計畫永遠跟不上明日的變化，臨機應變亦是品牌在多變的市場叢林中是否能成為號令獸群的泰山必要能力之一。品牌經營難免會遭遇來自於天災人禍的重大事件變故，有時是受到無妄之災的波及，此時您的「應變五步」就決定品牌再起或趁機逆風竄起的成功機率。

Step 1 「衝」：第一時間先做應急處置。
Step 2 「脫」：脫解出真正問題的原因。
Step 3 「泡」：與利害關鍵者建立互信。
Step 4 「蓋」：降低事件再擴大的傷害。
Step 5 「爽」：以退為進創造彼此多贏。

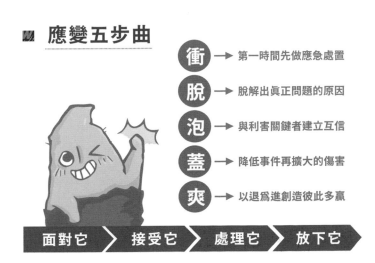

應變五步曲

衝 → 第一時間先做應急處置
脫 → 脫解出真正問題的原因
泡 → 與利害關鍵者建立互信
蓋 → 降低事件再擴大的傷害
爽 → 以退為進創造彼此多贏

面對它 ＞ 接受它 ＞ 處理它 ＞ 放下它

　　某一家知名消費品牌企業，在進行新產品上市前最後一次消費者價格接受度調查時，意外發現最新市調回饋的訊息，居然推翻了過去三年來研發歷程中逐次的市調結果，當年設計開發的未來產品規格竟然已無法滿足今日消費者的期待，箭在弦上該怎麼辦？企劃幕僚立即提出包含終止上市在內的計畫修訂建議與推出配套因應方案，老闆也當機立斷簽下認賠數千萬元的開發成本的決策，避免後續投產上市、廣宣行銷等繼續投資而造成擴大損失。應變的訣竅無它，就是要敢「斷、捨、離」，短期的應急處置及長期的改善對策方案都不能少！

　　要強化經營品牌的應變力，就得聽懂法鼓山聖嚴法師所開示的「面對它、接受它、處理它、放下它」四句金言，唯有正視問題的存在、找出問題的根源、徹底地解除問題的威脅，我們才能以處變不驚的心來迎接來自未知的挑戰與變數。一味掩蓋問題，問題不會自然消失，總有一天會爆發而形成更大的問題。當勇於解決問題之後，問題就不會再是問題。

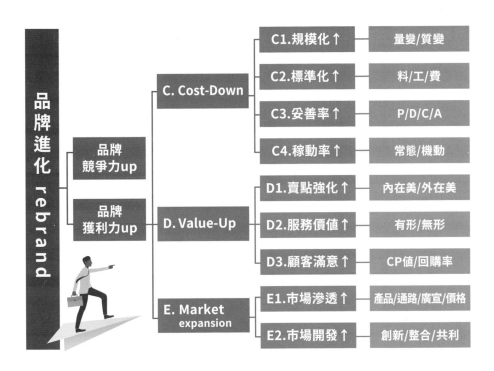

■ 品牌獲利力 up

投資品牌的主要目的當然就是要增加「總獲利」,否則就沒有投資的意義了。許多讓外行看熱鬧的品牌行銷花招,有時會是在玩掛羊頭賣狗肉的戲碼,不為外人知的品牌商業模式才是內行人看門道的真正眉角。身為企業主的您必須清楚一件事,投資的目的絕對是為了賺錢而非省錢,錢砸對地方並懂得開源(Value-Up)與節流(Cost-Down)並進,品牌才會變成我們的搖錢樹,白花花銀子才能滾進口袋。

　　品牌獲利的模式又可以概分「直接性獲利」及「衍生性獲利」，因有品牌的加持而讓掛名的產品或服務的對照性獲利提升，這乃是屬於檯面上較容易被大家都看見的直接性獲利模式。因品牌推廣而產生如母雞帶小雞的邊際貢獻，甚至是檯面下不為人知的投資實質目的，都可算是品牌的衍生性獲利。您認為「直接性獲利」與「衍生性獲利」誰才是企業的命脈？

　　一家生技產品代工廠導入自有品牌經營，其表面上是為了自產自銷來賺取差價獲利（直接性獲利 up），但其另一目的則是透過自有品牌來控制市場價盤並制衡代工客戶，甚至藉此成為與客戶談判或通路戰的籌碼，其對公司所帶來的貢獻屬於衍生性獲利。讓我們再以 McDonald's 為例，有想過賣漢堡真的是它的主要獲利來源嗎？初期是，但當它具備經濟規模後，更多的利潤就從「物料採購」、「附屬商品」、「人流紅利」、「地產增值」等地方被擠壓出來，如果 McDonald's 真的只是單靠賣漢堡賺錢，就不會是今天的 McDonald's 了。

　　品牌想賺錢，獲利商模的規劃與布局很重要，相對許多企業總是將 Cost-down 列入重點經營指標，大家都忽略了 Value-up 其實更重要。想賺更多錢，商模中的 Value-up 工程及 Cost-down 工程兩者皆不能少。想提高品牌的獲利力，除了強化品牌的價值與廣宣外，當我們能將品牌當成是市場經營的手段、策略時，它所能帶來的獲利空間就會有無限上綱的可能，放開品牌唯一獲利來源是產品

銷售的思考束縛吧！

C. Cost-Down

C1. 規模化↑

　　稍微懂得財務成本的人都知道，成本結構可概分為固定成本與變動成本兩大類別，銷售量將直接影響到固定成本的攤提，變動成本亦會因採購量的放大而擁有議價 Cost-Down 的空間，當此兩者的成本結構占比下降後，所釋放出來的就是利潤的提升了，這就是規模經濟所創造出來的衍生紅利！許多品牌難賺到錢的原因之一就是所經營的區隔市場不具經濟規模，因為不具經濟規模就會衍生出兩大問題，其一是無法攤提固定費用，其二是因為量小所以總營收與總利潤值難以放大，這也是眾多訴求手作的業者不易賺到一桶金的緣故。

　　做生意的人都知道「以量制價」的道理，**「價」**與**「量」**之間的牽連關係是理不斷的，兩者間通常是負相關，量大自然就價低是天經地義的事。但對一個品牌經營者來說，價格好同時銷量佳是大家的夢想，「以量拱價」才是做品牌的理想，我們應該要讓價與量兩者變成是正相關的才對，將價格與銷售量同步拉高並非不可能，至少這是筆者輔導的做法。如何運作價量關係來讓業績與利潤都能

源源不斷,全在考驗品牌經營者的智慧。

　　某家知名包裝飲料品牌的董事會為了改革,從外部挖角找來一位新 CEO,新官上任就是得放把火,新 CEO 為了表現其對品牌經營的專業及對公司營利的重視,毅然斬斷所有利潤較低的代工客戶,希望工廠從此專注在自有品牌產品的生產,也避免扶植競爭對手。沒想到,因砍掉代工單後工廠稼動率大幅下滑剩下三成,造成固定成本攤提大漲,品牌商品的利潤瞬間由正轉負,雖然新 CEO 繼續推行許多 Cost-down 補救專案也無濟於事,這把火終將新 CEO 燒成黑炭。

　　想提高規模有許多做法,首先必須先掌握經營品牌的經濟規模基準點在哪裡?亦須清楚當規模放大後所需要再投入的配套資本有哪些?從這些資訊中找尋到最佳化的經濟規模落點,再擬定出衝高到此規模的增額訂單來源規劃策略,市場滲透、新產品開發或新市場開發,以展開細部推動執行計畫。

C2. 標準化↑

　　近些年來不少專家學者呼籲必須提供少量客製化服務以提高客戶的滿意度、滿足更多客戶彈性的需求,這是一個似是而非且容易被誤導的論調,它的前提乃是基於我們目前所提供的標準化服務無法獲取大量的訂單、無法填補生產線的稼動,但是否有顧及過因提

供少量客製化服務所衍生增加的成本、品質與效率等問題嗎？當標準化服務無法獲取大量訂單時，我們該優先檢討的會是標準化的內容還是直接放棄經營大量訂單客戶呢？

無論是製造業或服務業，標準化都是為了放大產值必須推動的管理模式，亦是要解決因人的情緒所形成的品質不穩定問題，也唯有善用標準化管理輔以異常管理，方能減少許多間接成本與錯誤成本，如此對外所塑造的品牌印象才能不失焦。當然，我們得先確認自己的標準化是「對的」標準。

某家塑化原料代工廠以提供少量多樣的客製化服務為經營理念，任何的配方以及任何的小單都可以配合代工生產，保證服務到家，但業務們再怎樣拚命地開發新客戶，卻追不上因少量客製化生產所衍生的品質不穩定及成本偏高問題而流失的訂單，工廠也因無法獲利而面臨了裁撤危機。經過輔導修正為提供專業標準化配方服務之後，在業務的服務依然殷勤之下，不僅訂單大幅回流，品質更加穩定、利潤也自然提升起來，工廠不僅沒被裁撤反而得以擴編。

許多著稱的客製化案例，其實內在暗藏著是嚴格的標準化管理，不諳原由、不懂門道就直接複製客製化皮毛，後果當然會是畫虎不成反類犬的下場。要推動標準化，必須要先完成兩項基礎功，一是要能「捨得」，非自己的菜絕不貪求，才不會變成什麼都可以但什麼都不專精的四不像；二就是要「專業」，術業有專攻，透過

專業來取得客戶的信賴,才能建立出客戶對我們品牌的忠誠度與依賴度。

C3. 妥善率↑

常言道:「便宜沒好貨。」但在現實生活中,即使心知肚明如此,再貪便宜、再會殺價的顧客,他們也不允許自己用低價買到品質不好的東西。故因品質的不良所衍生出來的有形報廢、重工與無形商損、滯銷,這些壞帳最後還是會計算到產品成本上,也就是說,料工費計算後還得再除以「妥善率(良率 or 成交率)」,才是真實的成本值,服務業的成本也是可以如此計算的。

真正的 Cost-down 源自於如何把錢用在刀口上的價值工程概念,亦即在不降低品質下,能夠消除無益成本的做法,並非現今大眾誤認為是從既有的原物料壓榨購入價格,或摳門生產投入原物料數量的偷工減料思維。從製程的改善與妥善率的提升再再都可以有效達到 Cost-down 且無副作用的使命,妥善率越高即代表可以減少修正作業的浪費,包含可降低管理的時間成本,尤其在生意越好時,妥善率對機會成本的影響就越加明顯。

某一家電器品牌的代工廠 A 總是能以相同品質,但較低的價格搶下該電器品牌的大部分代工訂單,雖然報價較低但代工廠 A 的財報獲利率卻也不遜於同業,原因無它,就在於代工廠 A 善於製程管

理，故其產出良率能高於同業 10% 以上。憑這一點製程管理優勢就讓這家代工廠Ａ具有不降低利潤卻能拼價的實力，而且也讓品牌客戶更能安心對此代工廠Ａ下單採購。

　　無論是有形產品或無形服務，妥善率想提升，就必須從源頭管理做起，落實「不良品不接受、不製造、不流出」的品管三不原則，應用到所有的組織運作及品牌管理上，當此觀念能形成企業文化與全員共識時，即使只是組織內的一顆小螺絲釘，也能發揮它的監督職務功能，幫企業以擰毛巾方式來創造更多利潤空間與競爭優勢！

C4. 稼動率↑

　　稼動率（utilization）是以時間為軸來評量生產設施／空間／人力能被有效運作的量化指標，如內用式的餐飲業常用來計算營運效能的滿桌率、翻桌率，而一般民眾習慣以使用率來泛稱之。稼動率的高低攸關於市場的開發能力與品牌的經營能力，更會直接影響到固定成本的攤提，故可當做設定經營損益平衡點的重要參考指標之一。

　　因為時間是有限的且不論是設施或人力都需要有休息時間，例如一家餐廳的稼動率通常只能計算用餐時段，非全天候，過去單純以時間為核心的稼動率很容易就碰到天花板了。因此新的稼動率思維不再只是單純計算使用時間比例而已，也包含將同單位時間內產

出效能納入評估計算中。

　　一家傳統食品廠每到中元節旺季就得面對供不應求的煩惱，所有生產線即使 24 小時滿載排產、頻頻換線趕工，也不足以應付數十款產品陸續而來的急件訂單，每天頻頻追原物料、改班表更掀翻了整座工廠，但仍然還是供不應求。經過筆者從提高稼動率的方向著手，將數十款產品依市場賣力區分為 ABC 三級，大膽將非常有彈性的生產排程制度化，調整為 A 級品整天生產不換線、B 級品半天生產不換線、C 級品限時限量供貨的策略後，將頻頻換線的浪費時間轉為生產稼動，反而讓產能提高了近 10%，固定成本攤提亦相對降低了，現場人員也終於可以專心做生產，不再因頻頻更換產線而手忙腳亂。

　　想在不增加投資下提高稼動率並非不可能，推動執行方法大抵有三種，一是增加訂單來源，二是減少閒置浪費，三是重新調配產出效能。此三種方法不論是應用在製造業或服務業都適用，只須取其一就能產生 Cost-Down 的效果，若三者能兼具，增加的品牌競爭力或利潤更不在話下了。

D. Value-Up

D1. 賣點強化 ↑

　　我們經常在 DM、廣告上看到品牌列出林林總總的特色訴求，裡面只要有一句能打動您的心，就能讓您心甘情願掏錢買單；反之，若無任何一個特色訴求讓您有心動的感覺，列出這麼多的特色也不會讓您有消費的行動。所以，產品或服務的賣點絕不是賣家說了就算數，必須讓買家能有心動的感覺才是「真賣點」，其他無感的賣點就只能稱之為「多此一舉」了。盤點一下您的廣宣上的眾多訴求，哪一項算是「真賣點」呢？有多少項是屬於「無感賣點」呢？

　　打蛇要打七寸、擒賊要先擒王。絕大部分的消費者只關心他個人在意的事，在傳播學上，過多的功能訴求有時候不僅沒加分，甚至會讓重點訴求失焦、模糊、淹沒而減分。故在不變更產品或服務的功能內容下，懂得篩選有效的賣點來進攻消費者荷包的成效，遠比降價促銷來得有力且可持續回購，這才是一位盡職的行銷人員該做的事。

　　一家銷售健身按摩器材用品的品牌商，習慣以研發製造者的角度來強調其配備細節，做為文宣傳播賣點訴求及面銷人員的銷售話術，但其成效還比不上一句「真舒服」來得直接有效，也比不上讓顧客體驗後喊「真舒服」來得心動；與其壓迫式一股腦介紹那麼多

規格配備給顧客，不如等顧客有興趣、有感覺後，再來溝通配備細節較適合。

　　想強化賣點的重點步驟如下，首先必須先探討出目標客層的消費行為、不如意點及關注要項，其次再藉由淘汰法來剔除產品功能與目標客層需求間低關聯性的訴求，最後千萬別客氣地將高關聯性訴求放大再放大、強打再強打，自然而然就能吸引有效顧客自動找上門。

D2. 服務價值 ↑

　　千百年來，因為名、因為利，商人們已將品牌包裝的淋漓盡致，當品牌發展到了極致後，是否想過，接下來您的品牌應該如何提升？讓我們認真來檢視，一個品牌的價值形成其實包含有形的硬體（產品）價值和無形的軟體（服務）價值，前者除了產品本體之外，也包含看得到的包裝視覺，但有形的硬體價值總有其發展極限，而後者無形的軟體價值雖屬內在，卻能有無限的擴充空間與遐思。

　　換個角度思考，假設您是一位消費者時，您會期待得到哪些服務？哪些服務對您是有值得消費價值的？服務價值的表現不僅在「售中」，消費當下的體驗，也包括「售前」，在未決定消費時的認知度與好感度培養，以及「售後」消費後續的追蹤服務與關係維持，涵蓋「售前」、「售中」、「售後」的管理，落實從

「發現顧客消費過程經驗」→「評估顧客消費過程經驗」→「取得顧客消費過程經驗」→「整合顧客消費過程經驗」→「延伸顧客消費過程經驗」整個消費服務歷程，這才是串聯出品牌是否能永續經營的重要關鍵 CRM（客戶關係管理 Customer Relationship Management）。

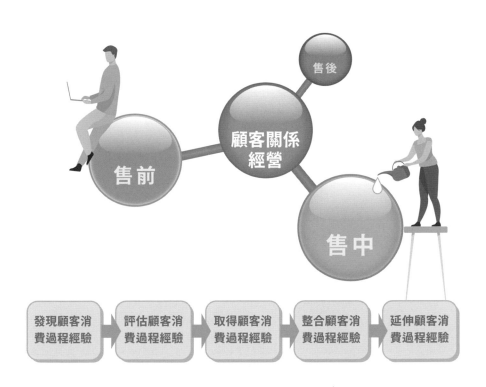

　　「沒關係就有關係。」一家休閒食品的廠商，老闆的真誠與用心，感動了許多媒體的爭相報導，也讓好產品成為網購的當紅炸子雞，生意好到應接不暇。卻沒料到幾年過了，話題與產品的新鮮度已退燒，原本發展極致的好產品難以再創新，過去未曾有空閒時間著手經營客戶關係管理的老闆，此時有空檔了，急著想要臨陣磨槍，但卻也不知從何處磨出過去的眾多舊顧客再來續前緣。

　　一個好的服務可以讓顧客感受到來自您內心對顧客的呼喚。有道是：「有關係就沒關係」，您和顧客間建立的是買賣交易關係還是朋友情誼關係呢？品牌如何和顧客建立消費價值與服務情感，將會影響到品牌長尾效應的長度。想提升服務價值其實很簡單，從「售前」、「售中」、「售後」三個時期皆可以下手，只要將心比心來感受顧客的需求，也都可以帶出成效來，若能三管齊下，服務價值鐵定會更高。

D3. 顧客滿意↑

　　「以客為尊」是近年來服務業泛用的口號，這是一種好態度，但未必是好行為。想讓來自五湖四海的每個顧客都滿意，絕對是一個不食人間煙火且狀況外的人才會提出的爛主張，期待一道料理、一項產品、一種服務、一個品牌想滿足所有人的需求，最後產出的下場一定是無法下嚥的料理、沒人要的產品、裡外不是人的服務、沒人賞光的品牌。

　　一種米養百種人，但若為了滿足百種人的胃口而準備百種米讓顧客挑食，最後不僅得不到顧客的更多感謝，甚至會造成顧客的困擾，也讓自己自找麻煩，更別提建立在顧客眼中的品牌專業形象。在資訊發達、物質不匱乏的時代，我們必須翻轉過去讓客人自由選、自由配就是「以客為尊」的錯誤觀念，當客人配得不好時，所產生的不良印象最終還是會落在品牌頭上。

　　總而言之，客戶只想要您的專業好東西，其他的免談！某一家油漆品牌發現牆面必須擦兩次漆才能有最好的漆面及保護效果，絕大部分的客訴都是因為只擦一次漆造成的不滿意，但油漆品牌商卻無權控制非內部員工的油漆工人不會偷工完成兩次施工。老闆經過轉念後，於是將油漆分成兩桶，分別標註為Ａ漆與Ｂ漆，以「塗完Ａ漆後再塗Ｂ漆才是好漆」做為廣宣訴求及施作標準，從此客戶都很滿意用他們品牌Ａ＋Ｂ漆漆完的牆面品質，這個品牌油漆也因此成為眾多客戶的指名使用。

　　想讓顧客滿意度提升有兩大工作必須落實做到才有效，首先工作是先確認清楚誰才是真正的顧客（發起者？影響者？決策者？購買者？使用者？），其次工作是釐清自己該讓顧客接納的核心專業項目為何，將上述兩項工作限定範圍之後，再來談如何讓顧客更滿意的執行細節，此時才能聚焦且有意義！

E. Market expansion

E1. 市場滲透↑

　　當對自己當下市場的既有客戶已有掌握度後，品牌經營者要做的第二步是必須擴大品牌的接觸面，讓此市場內的其他消費者變成我們的顧客、變成品牌的忠誠者，從而提高品牌在此區隔市場的占有率與影響地位。當我們能讓自己的品牌在特定市場擁有「喊水會結凍」的霸主實力時，品牌的根基才能算是紮穩了，也具備了可以外擴到陌生新市場的本錢。

　　打市場滲透戰有兩個首要目標，一是搶奪市場競爭者的顧客，一是挖掘陌生的潛力顧客，兩者的經營使力方式完全不同。在搶奪競爭者顧客時，我們必須呈現出相對競爭者的「優質性」，同時提供收買的誘因，才能讓他的顧客願意轉移過來。挖掘潛力顧客時，我們必須強調自己提供顧客消費的「價值性」，透過口碑傳播與試用體驗，讓他們看見我們的被利用價值，如此才能吸引潛力顧客。

　　某家上游原料供應商明明價位比同業貴上 **20%**，但卻一直被訂單追著跑，每兩三年就再投資新廠。除了擁有專業生產技術以外，只要市場有食安事件爆發，或是有外銷的需求，就會有更多的同業訂單自動轉移過來，提供給下游客戶安心品質的「優質性」以及符合外銷規範的「價值性」，就是他們在市場能屹立不搖、能持

續擴張滲透的最佳武器。誰說市場滲透一定要拼價格不可？

　　品牌經營的超級助選員莫過於「口碑推薦」，這才是真正所謂不戰而屈人之兵的戰術。想要提高市場的滲透度，比砸錢做宣傳、打廣告更有效的，就是要先建立自己「品牌的被利用價值」在產業裡的高度及能見度，接下來就是要懂得善用既有客戶及影響力中心的口碑推薦，完成上述兩項任務，就能很容易達成事半功倍的滲透市場成效了。

E2. 市場開發↑

　　自古至今市場的爭奪戰不曾停息過，人們老是認為別人手中的食物總是比較好吃，大部分的業主總是會覬覦別人的市場商機，穩健派的業主會先從上下游市場整合做起，激進派的業主就直接跨業做多角化經營。不管是哪一派，在成者為王、敗者為寇的現實社會中，誰有成績，他說的論調都會是對的，反之亦然。

　　「聞道有先後，術業有專攻。」為何會有不同產業、不同市場，就是因為他們各有不同的專業領域、專屬客源與經營眉角，從外界來看新市場開發的處女商機都很高，這就是大家眼中的「藍海」，但「藍海」相對的意義亦代表進入門檻高或經營風險也會高，曾有許多業主抱著老子有錢的輕蔑態度跨業下海捕魚，渾然不知此海域中有暗潮、鯊魚等等市場潛規矩，最後能平安上岸的通常寥寥無

幾，更別提捕到多少魚了。

　　某一家在中南部知名的指標性連鎖業者，手下每家店都是門庭若市，也是各處新開賣場極力爭取合作進駐的對象。但這家連鎖店總是跨不出中南部市場，幾十年來每每到北部展店的結果都是水土不服、敗北收兵，根本問題在於過去成功的傲氣，讓業主一味的強調原汁原味的經營模式，認為任何市場的消費者都會配合買單，卻未能因應區域消費者的生活習性與需求不同而進行接地氣調整，如此一來，鎩羽而歸很正常的。

　　每個業主都渴望開發肥美的新市場，想開發成功就得先了解研究該市場的環境、消費需求以及競爭樣態，千萬別道聽途說有商機就一頭熱跳進去，龍游淺灘註定要遭蝦戲；接著必須要仔細評估自己的斤兩是否具備跨足新市場的經營能耐，等所有因應新市場的配套與內部組織的調整改變都準備好了再出發，這樣才能降低風險、提高成功機會。

7

品牌經營
三部曲

reBrand

　　「品牌要如何經營才會賺錢？」這是 99% 以上品牌業主掛懷的心事！品牌為何無人知、為何無人買、為何……？這就是您的品牌必須再進化的原因。品牌的經營與進化是一項超大的工程，有許多必須要學習、要執行的原則及事項，茲將這些原則及事項化繁為簡，以「品牌經營三部曲」的知道、入道、得道三步驟來做引導介紹，期待能讓欲從事品牌進化的經營者在推動時，能有所參考與依循，進而避免因外物的引誘而誤入歧途。

1. 知道

　　品牌進化經營的第一部曲為「知道」。幾十年來的代工經驗，讓大大小小每家廠商們都練就出一身研發創新與生產的好功夫，每一年在許多企業訪視的過程中，我們在臺灣個角落看到不少讓人驚奇的好東西、好產品，但是這些好東西卻如家珍般被關在家裡、走不出家門，因為您不知、我不知、他也不知，理所當然就賣不出去了。

　　前知名演員、前總統府國策顧問、志願工作者孫越先生倡導過一句名言：「好東西要和好朋友分享！」有些人或許沒做過生意，內心對於推銷叫賣的工作會害怕恐懼，甚至是排斥等心理層面的障礙。如果我們換個角度，以和好朋友分享好東西的出發點，大家應該就不難突破這些心理的障礙了。所以首先一定要先調整好自己的

觀念和態度，接下來我們就能好好思考規劃要如何讓這些好東西從默默無名變成您知、我知、大家都知的知名品牌。也就是說，我們必須了解到如何讓顧客認知 Attention 到我們的好產品的存在，乃是影響到能否做到生意的核心關鍵。

代工服務也可以成為品牌，有一家傳統加工廠，數十年來致力於協助客戶開發、代工無數的新產品，亦積極投資在生產設備及研發技術等的提升，業績還算可以但一直無法突破瓶頸，也影響到二代接班的意願。在輔導的過程中，我們將其新產品開發的獨特能量搬上檯面轉成代工品牌的行銷訴求點，讓大家清楚知道這家工廠可以服務代工出哪些好產品？這家工廠優於其他代工同業之處為何？當這樣的訊息被傳播出去之後，眾多潛在客戶「知道」這家代工品牌可以提供好服務、好產品時，新的訂單就源源不斷進來了。您有好東西、好服務嗎？就大方地讓潛在顧客知道吧！

您的好品牌、好產品想立足市場，不管是讓顧客先知先覺還是後知後覺都可以，最怕是讓顧客一直不知不覺。但我們必須認知一項事實，顧客要買、要知道的不是產品規格或長相樣貌，而是您的好品牌、好產品能協助顧客解決問題的方法。當每逢佳節倍思親的一年一度中秋佳節即將到來時，您想要買的是月餅還是送禮的情意呢？送禮時您在意的是便宜還是面子？若糕餅業依舊以拼價推銷月餅為唯一訴求時，市場當然會被其他以送情意為訴求的非糕餅業者所侵蝕、取代，因為後者提供出更好情意送禮的替代方案來解決消

費大眾在年節的採購需求。當自己對顧客的心都不知不覺時，難怪會有越來越多的糕餅業（尤其是拼便宜的小店家）逐漸在中秋節大檔中式微，甚至淘汰出局！

2. 入道

　　品牌進化經營的第二部曲為「入道」。有句亙古名言：「坐而言，不如起而行。」我們的填鴨式教育培育出許多知識分子，大家都很會想、很會談、很會寫，但不太會行動，這就是古人所謂的**「知易行難」**，現代人稱之為**「眼高手低」**。也經常看到學生們急著背誦老師提供的標準答案來當做學習的目的，較少學生敢親自驗證並質疑老師給的標準答案是否標準，如此下去，能青出於藍的當然是如鳳毛麟角一般的稀少。就如在今日的社會當中，不少人以發現問題而洋洋得意，殊不知企業花錢請來的是要能解決問題、突破現況的人才，而非只會喊「老闆有問題」之類製造問題或發現問題的員工。

　　在一家中型企業的月例會中，董事長在臺上口沫橫飛地向各區業務主管報告上個月的經營狀況與回應公司的因應方案後，得意洋洋地邀請筆者做補充建議。我提出的建議有二，一是要求董事長下個月開始要「閉嘴」，二是改由各區主管各自上臺報告轄區的營運狀況、改善對策及資源需求。當讓各區主管親自面對問題及解決問

題後，不僅可以測出這些一線主管真正的斤兩有多少，也可以讓公司的資源真正接地氣，品牌行銷才不至於一直在空中飄浮。花高薪聘請高階主管的老闆們務必要學習如何適時翹起二郎腿才行。

　　同樣的，品牌的經營是要投資要花錢的，因此我們必須要有具體做法而非只有想法，學校能教大家的是觀念，在書本上看到的只是前人走過的足跡，你必須靠自己一步一腳印的**「做中學」**才能累積成屬於自己的寶貴經驗。因此，當在學堂學到滿腹的品牌經綸後，想要將品牌的經營真正做好，想要讓品牌能進化，就必須到真正的市場上去觀察、體驗、溝通與學習才行。尤其到產品販售的第一線場所之經營型態，在俗話中稱之為動態**「武市」**，和課堂上大部分教授談的靜態**「文市」**經營型態是有頗大的差異，若不上去親身下場子演練，即使戲棚子下面站再久，即使拿到碩博士學位文憑，您永遠都只會是臺下買票看戲、坐板凳喊燒的觀眾罷了。

　　管理大師彼得‧杜拉克提到：「面對問題，要先了解問題的屬性，才能對症下藥。」因此品牌進化經營的第二部曲之「入道」指的是，在經營的手法上必須因地制宜、見人說人話來進行修正調整，抓到顧客真正在意的重點、使用能與顧客溝通的語言、刺激出顧客悸動的心，簡單講就是要能讓顧客看對眼、對上味的顧客導向之經營模式，只要能搔到顧客內心的癢處，激發顧客想要擁有我們的慾望 Desire，引導顧客步上了我們所規劃的銷售之道，後續的甜蜜發展就指日可待了。

　　沒有不能做的品牌，只有不會做的人！在臺灣經常遇到非常認真做好自己的店家個案，幾十年來非常認真地將產品與服務做好，亦持續努力開發許多好產品來服務顧客，通案問題都是在於每項產品似乎都有銷量但卻又不大！在輔導改善的過程，我們先了解店家立地商圈所屬消費者的需求，大膽封存了半數以上低迴轉服務品項，並重新規劃能聚焦吸睛且接地氣的產品組合戰術，續輔以簡潔有力的顧客語言來強化特色賣點之後，主產品的銷售迴轉立即就變漂亮許多了，成長幅度也遠超過那些被摒除的低迴轉產品業績總合！只要找對方法，銷售就不會是問題！

3．得道

　　品牌進化經營的最終曲為「得道（賺到）」。不管理念有多高尚，企業經營的真正目標依然是**「獲利與永續」**，只要能獲利和永續，想要完成理想、照顧員工和回饋社會當然都不成問題，即使在事前的準備功課做了很多，包含從宣傳到推廣等等，但到了購買決策關頭一定要用盡辦法讓顧客掏腰包買單完成購買的行動 Action，才算完成品牌經營的階段使命，否則前面所有的理想與投入終將淪為空談與幻想。品牌的操作亦是為達到**「獲利與永續」**此目的的行銷工具，過往有許多品牌在廣告上砸了大錢，但這些投資卻未必能回收的回來，甚至拖垮了本業，大多數品牌經營者的共同問題都是將「創意」做為目的，少了「獲利與永續」的收割目標，

投資鐵定是無法回收的。因此，**「管控成本」**、**「計畫性銷售」**與**「獲利模式設計」**將是左右品牌經營成敗的最終三大關鍵點，也是決定這次品牌經營的投資能否「得道（賺到）」的真正依據。

多年前有一家業者的產品以物美價廉為訴求，因性價比（CP值）頗高，在市場上銷售反應相當好，下單訂購付款後往往要排上兩三個月以上才能收到貨，為此業者陸續擴大產能、投資設備，卻還是供不應求，品牌名稱當然也家喻戶曉，成為業界成功的範例。這樣的熱銷個案大家是否覺得它鐵定賺翻了？但這家業主卻笑在臉上、狐疑在心頭，明明訂單越來越多、生意越做越大，但存摺上的數字卻越來越少，原因是一直沒去挖掘出貓膩所在，直到最後終於還是爆發了財務危機，接手的公司本以為揀到了一塊黃金，但經過財務重新盤點後才發現，當初的產品性價比（CP值）高是因為有許多的間接費用成本沒有被計算與攤提，原先的售價只估算到基本的生產變動成本而已，看起來似乎有單位銷售利潤，但經過實際精算後發現根本是賠錢在賣，所以賣越多就賠越多，資金＋預收貨款燒光後當然是非倒不可了！

另一家個案則是在成本及品質的控管上都做的非常漂亮，可是因為品牌產品都是透過經銷商在放盤與上架通路，自己無法預知實際的終端銷售狀況，只看到業務爭取回來的年節訂單數字都很漂亮，全公司更是拚命加班趕貨，但是到了年節後卻面臨所有通路大量退貨高達五成，原先獲利卻被買原料、庫存呆料、退貨等損失所

吃掉了，淨利一夕間從正轉負，又是白做了一年。

　　品牌進化經營的三部曲：知道、入道、得道（賺到）。我們自己做到哪幾項了？有哪幾項需要被改善、被進化？不論老王如何自誇，能賣的出去的才會是好產品。縱使在品牌知名度和顧客的需求掌握度都落實推動了，如何確保獲利與掌控市場將是品牌進化經營的最終也是最重要的指標。

　　經常有廠商業主問要如何協助他發展品牌？必須老實跟大家說：**「做企業輔導時最重要的、最耗精力的不是直接想創意，而是在前期的經營診斷過程」**，當能夠找到品牌經營上的問題瓶頸時，我們才能對症下藥提供適合您的有效品牌輔導 Total-Solution 建議，甚至停損也會是輔導建議的選項之一！您學到**「品牌經營三部曲」**了嗎？沒有得道（賺到），品牌永遠無法上道！

8

品牌行銷
CP創價模組

Creative and
Promote Mode

　　rebrand 品牌進化是時間動詞,非名詞或形容詞,它的目的並非閒來無事為進化而進化,而是期待能藉由進化來幫品牌「創價」,讓品牌更有利於行銷,因此具備務實打市場仗的品牌行銷執行能力相當重要。不論是企管大師傑洛姆 · 麥卡錫(Jerome McCarthy)提出供應者意識為中心的行銷基礎和依據「行銷 4P 組合策略」:Product 產品／Price 價格／Place 通路／Promotion 廣宣,或是行銷專家羅伯特 · 勞特朋(Robert F. Lauterborn)提出以消費者意識為中心的「行銷 4C 理論」:Consumer 消費者需求／Cost 消費者購買商品的成本／Convenience 消費者的便利性／Communication 和消費者溝通,雖然兩派理論的支持者彼此鏖戰了多年,但兩者在在都是為了品牌推廣及提高顧客買單意願的行銷好工具。因此無門無派的筆者在輔導時都是將兩者之優點合而為一,重新交叉組合成「foryou 品牌行銷 CP 創價模組(Creative and Promote Mode)」,做為輔導業者品牌行銷進化的思維好利器。當 4P 撞上 4C 時會蹦出什麼樣的火花?不管是黑貓還是白貓,能抓住市場商機、能為品牌創價的都是好貓!

　　創意隨人想、生意看人做,理論猶如一把菜刀,能否做出一桌好料理,關鍵在使用人的手藝,不在刀本身是否出自名門。當行銷 4P 與行銷 4C 交叉應用時,在第一階就能產出十六種新的「foryou 品牌行銷 CP 創價模組」,再經綜合應用後,其變化將會遠勝於孫悟空的七十二變,會不會用就在考驗品牌經營者的實務經驗與隨機應變能力了。讓我們先了解在第一階碰撞出來的品牌行銷創價模組

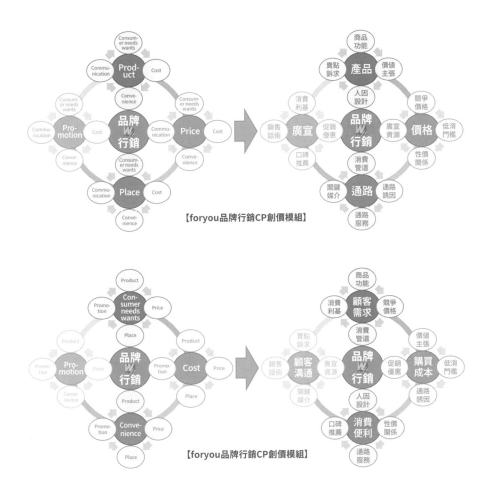

【foryou品牌行銷CP創價模組】

火花有哪些：

- Consumer needs wants ＋ Product：從探討顧客消費的動機目的及商品規格中，找出提供顧客真需求的「**商品功能**」。

- Consumer needs wants ＋ Price：從探討顧客消費的動機目的及成本結構中，找出提供顧客真滿意的**「競爭價格」**。

- Consumer needs wants ＋ Place：從探討顧客消費的動機目的及通路屬性中，找出提供顧客真期待的**「消費管道」**。

- Consumer needs wants ＋ Promotion：從探討顧客消費的動機目的及重點廣宣中，找出提供顧客真在意的**「消費利基」**。

- Cost ＋ Product：從分析顧客的消費能力及商品配備中，找出提供顧客能認同的**「價值主張」**。

- Cost ＋ Price：從分析顧客的消費能力及市場行情中，找出提供顧客能好買的**「低消門檻」**。

- Cost ＋ Place：從分析顧客的消費能力及通路資源中，找出提供顧客能選購的**「通路誘因」**。

- Cost ＋ Promotion：從分析顧客的消費能力及廣宣預算中，找出提供顧客能衝動的**「促銷優惠」**。

- Convenience ＋ Product：從研究顧客的消費行為與商品企劃中，找出提供顧客很好用的**「人因設計」**。

- Convenience＋Price：從研究顧客的消費行為與作價規範中，找出提供顧客很划算的**「性價關係」**。

- Convenience＋Place：從研究顧客的消費行為與通路訴求中，找出提供顧客很方便的**「通路服務」**。

- Convenience＋Promotion：從研究顧客的消費行為與廣宣企劃中，找出提供顧客很信賴的**「口碑推薦」**。

- Communication＋Product：從掌握顧客的溝通模式與商品屬性中，找出提供顧客易有感的**「賣點訴求」**。

- Communication＋Price：從掌握顧客的溝通模式與預算分配中，找出提供顧客易交流的**「廣宣資源」**。

- Communication＋Place：從掌握顧客的溝通模式與媒體特性中，找出提供顧客易接納的**「關鍵媒介」**。

- Communication＋Promotion：從掌握顧客的溝通模式與廣宣技巧中，找出提供顧客易動心的**「銷售話術」**。

　　在推動此「foryou 品牌行銷 CP 創價模組」中，最重要的不在於背誦交叉組合結果，而是要跳脫過去各學派的框架，引導品牌經

營者活用所有的行銷工具來協助品牌達成「創價」的任務，如此方能在快速變遷的社會環境與消費市場中，讓品牌如同變形蟲般不斷地適應市場環境、不斷的演進，直到成為有健全身心靈的品牌永恆生命體！

9

品牌進化師
的九大修煉

　　身為一位優秀品牌進化師的任務就是：「參考過去的經驗、結合現在的資源、經營未來的商機。」從上面任務的描述不難看出有些企劃人員的共同問題，沒有參考過去的經驗、沒有結合現在的資源、沒有經營未來的商機，只是靠著一股創意與文青的衝勁，單憑暴虎馮河之勇帶著品牌往未知的市場虎口衝鋒，成與敗就看運氣了。若您不想成為上述的情況之一，在操作品牌進化之前，務必要先從「感知」、「蒐集」、「分析」、「突破」、「整合」、「競爭」、「發展」、「溝通」、「管理」等九大修煉方向來進化自己的能力。唯有知不足方能力爭上游，大家不妨用簡單量表來自我評鑑成為品牌進化師的能力及設下自我成長期許吧！

1. 觀察感知力

「內行看門道」，觀察感知力的培養必須多看、多聽、多想、多體驗，但寧可多逛街親眼觀察也不要只逛網路吸收二手資訊，每週找一個實際的品牌行銷案例，學學柯南觀察探討別人品牌行銷會成功或會敗筆的表面及背後原因，將心得寫下，並找機會親身體驗感受並內化成自己的營養。

> ▶▶ **最忌宅在家想創意或往次級資料中鑽牛角尖！**

2. 資料蒐集力

「數字會說話」，資料蒐集力的培養不是有 Google 大神就行，我們必須先知道哪裡有資料？要用啥關鍵字來叫出資料？資料該如何判讀真與偽？如何去蕪存菁篩選出有用的資料？如何將資料交叉組合成新資訊？如何解讀新資訊成有用的商機？每天找一個話題關鍵字來練習搜尋相關資料吧。

> ▶▶ **最忌的是拿到資料就盲目當神拜！**

3. 問題分析力

「問題即是商機之所在」，想培養問題分析力就必須要有追根究柢的精神，善用「要因分析」的思考模式讓自己習慣成為問題寶寶，探討為什麼會造成問題的可能原因，再探討這些問題的可能原因為什麼會發生，如此一直往下掘出根源三到五層，再將所有因素的影響度做排序，就不難找出關鍵的結了。

▶▶ **最忌用直覺及感性來判斷問題所在！**

4. 創新突破力

「路不轉，人轉」，創新要的是做法非想法，創新必須要先有所本才能談突破，也必須釐訂出創新的目的才不會迷路。當發展遇到瓶頸卡卡時，請歸零思考，並勇於嘗試否定既知的操作型定義，經常以聯想、否定、加法、減法、時間、空間等創意六法來磨練自己的思路，想突破創新束縛就非難事。

▶▶ **最忌天馬行空搞創意！**

5. 資 源 整 合 力

「借力使力不費力」，想強化自己的資源整合的能力有兩件基礎功要先磨練，其一先了解周遭有哪些人／事／物的資源可以用，其二是須了解每項資源的特性與限制，練習將自己身旁周遭這些資源資訊列表並分類管理，亦標註出自己能掌控的程度，再依專案需求做調度調配，就很容易得心應手了。

▶▶ **最忌矇眼瞎幹或亂點鴛鴦譜！**

6. 策 略 競 爭 力

「善戰者攻心為上」，想提升自己在策略競爭能力，就必須經常觀察市場 PK 實戰，同時模擬扮演競爭雙方或多方的立場角色思考，並從旁練習策略布局及資源調度等沙盤推演，最後再印證自己的策略推演是否吻合最終戰果結局，觀察選戰、公關危機或多下棋都是個不錯的模擬訓練好方法。

▶▶ **最忌一廂情願式的單向思考！**

7. 市場發展力

　　「沒有賣不出去的東西」，青菜蘿蔔各有人愛，市場發展能力的培養必須從觀察消費行為分析著手，學習與探討在不同位階的目標客戶他們真正在意的事情，以及他們目前面臨的瓶頸困擾與市場缺口，若我們能從這些資訊來提出解決方案，提供獨家服務，就能輕易以一句芝麻開門就讓紅海變藍海。

▶▶ 最忌不用心只想碰到死耗子！

8. 傳播溝通力

　　「見人說人話」，溝通的藝術不在於能言善道，傳播溝通能力的養成最重要的有三：一是先學習了解要傳播溝通的對象是誰，二是鑽研出這些對象內心的期待，三是條列找出能有效接觸的媒介管道，將三者交叉融合出最佳化的傳播溝通利器，找出能打動目標顧客心的訴求重點，方能提高廣宣投資效益。

▶▶ 最忌老王賣瓜自賣自誇！

9. 執行管理力

　　「坐而言不如起而行」，想培養執行管理能力可以從落實日常生活的計畫執行與管理來做起，學習將概念性的想法轉換成執行性做法，再設定好做法的進度管理與目標管理，遇到非預期狀況時就得嘗試如何以正向態度來調整修正做法，直到能將這樣的 PDCA 管理循環模式內化成自己的作息習慣為止。

▶▶ 最忌遇到困難就找藉口逃避！

⚅ 品牌進化師的九大修練

【任務】 → 參考過去的經驗，結合現在的資源，經營未來的商機		
1. 觀察 感知力	2. 資料 蒐集力	3. 問題 分析力
8. 提案 溝通力	9. 執行 管理力	4. 動腦 創意力
7. 企劃 撰寫力	6. 判斷 決策力	5. 資源 整合力

品牌進化師自我評鑑與成長期許表

九大修煉能力		強 （5）	略強 （4）	中 （3）	略弱 （2）	弱 （1）	無 （0）	成長期許 計畫
1. 觀察 感知力	現　況							
	一年後							
2. 資料 蒐集力	現　況							
	一年後							
3. 問題 分析力	現　況							
	一年後							
4. 創新 突破力	現　況							
	一年後							
5. 資源 整合力	現　況							
	一年後							
6. 策略 競爭力	現　況							
	一年後							
7. 市場 發展力	現　況							
	一年後							
8. 傳播 溝通力	現　況							
	一年後							
9. 執行 管理力	現　況							
	一年後							

後　記

後 記 1

從ODM到OBM
的
品牌價值工程

　　自從 1992 年，當時的宏碁電腦董事長施振榮先生登高一呼「微笑曲線」，自此**「品牌」**一詞就成臺灣必推必做的顯學！「微笑曲線」沒有錯，品牌是企業未來發展的里程燈塔也沒有錯，然而回首近二十多年來臺灣絕大部分的企業，尤其是製造業，走過的品牌之路似乎命途坎坷多於光明平順、創傷多於創造，從想法到做法之間有不小的鴻溝斷層，why？

　　臺灣的中小企業歷經了幾十年來的代工，從 OEM（Original Equipment Manufacturer） 成 長 到 ODM（Original Design Manufacturer），磨練出一身的研發與生產技術的好功夫，也眼見自家的產品貼上了別人家的知名品牌後，身價就瞬間翻上好幾倍，不認輸的臺灣企業主們、企業二代們心中總是有一股衝動，總以為品牌不就是訂個 STP（Segmenting/Targeting/Positioning）口號、取個名字、搞搞設計、弄個包裝、做些廣告就行了，加上長官與學者專家們的敲邊鼓，於是一票廠商企業一頭栽入自創品牌 OBM（Original Brand Manufacturer）的美夢中。但當他們從莫明的燒錢夢魘中驚醒時，卻發現自創的品牌依舊只是個供奉在自家中的「神主牌」而已，到底問題出在哪呢？從眾多個案分析中，我們不難發現眾多製造業在發展自有品牌 OBM 過程中所面臨的共同問題如下：

【問題一】面對它→
要搞懂 OBM 與 OEM/ODM 的差異

製造業幾十年來習慣於接單代工生產的經營模式，生產完就等於賣出去，無須探討消費者的需求，也無須思考自行經營市場的推廣與競爭問題。因此若想要擁有自己的品牌，首要的任務就是經營團隊須先「轉念」，改變過去習慣經營 OEM/ODM 與 OBM 的差異觀念與做法，等心態調整好了，品牌之路方能邁出步伐，也不致於經常遭遇內部異音而窒礙難行！

	OEM/ODM	OBM
直接利潤	大部分較低	大部分看起來較高
訂單需求來源	客戶給的	要自己創造
獲利可行性	品質和成本 OK，獲利 OK	品質和成本 OK，獲利不一定 OK
責任歸屬	品質＆交期責任	品質＆信任＆服務責任
投資效益	量產後，利潤產出可控	永續投資＋後發酵效益→不可控
經營模式	幫別人生小孩	自己生小孩＋養小孩

【問題二】接受它→
勿以製造的思維來想品牌經營的事

　　對製造業來說，OEM/ODM 投入與產出是類等比的關係，但 OBM 的經營卻得持續投資到一定程度，才會產生類二次曲線效益，因此品牌的經營初期必須用「**費用**」的觀念來編列預算，倘若用製造業的「**成本**」觀念來編列預算，當給予品牌的養分不足時，這個品牌勢必長不大，此時無疑是將白花花的銀子投入水中！

　　常見許多出身生產、研發的製造業高層，談品牌、口頭鬆，掏預算、手頭緊，品牌的經營最後落的雷大雨小的結局是必然的。總而言之，品牌非一蹴可成，切忌短視近利，我們必須接受品牌未養大前是要不斷餵奶的吃貨之事實，別期待它能吹氣球般一夕之間轉大人、賺錢養家啦！尤其抱著一次多養幾個品牌來賭運氣的心態，期待能藉此增加品牌成功率，無疑是痴人說夢話。當然，如果企業無法編列出品牌經營的專案預算時，良心建議「品牌夢晚點做」囉！

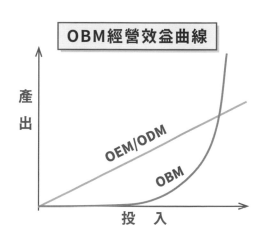

OBM經營效益曲線

產出

投　入

OEM/ODM

OBM

【問題三】處理它 →
別以為做個 CI/VI 設計就叫做品牌

　　大多數的製造生產是「看得見的硬體工程」,而品牌經營則是偏「看不見的軟體工程」,除了「看熱鬧」式的 CI/VI 與包裝設計外,「看門道」式的品牌經營之道才是真正成功之道。就以所輔導的某代工廠為例來做說明:

　　個案為臺灣最大的專業某傳統年節食品代工廠,市場占有率超過 1/3,想發展自有品牌 OBM 是老闆心中的夢,但當設計師完成 VI 與包裝設計後,要編列多少行銷資源來養品牌?如何在發展 OBM 下,也能得到既有的 ODM 客戶們的支持,不至於造成營收的流失呢?這才是代工廠自創品牌的難題的開始,如果您是業主,該如何在 ODM 與 OBM 間做取捨呢?取了 OBM 就一定保證能補回 ODM 的捨嗎?

　　誰說 ODM 與 OBM 不能共存?提高公司的整體營收及獲利才是企業經營 OBM 的真正目的,ODM 與 OBM 未必是互相排斥的。在此個案中,我們採取市場擴張策略來輔導,釐訂 OBM 的發展目標是「擴大消費市場規模」,而非憑生產廠的成本優勢來掠奪代工客戶的顧客。在輔導歷程中,我們以逆勢行銷的手法,讓這個新的品牌不斷地、無私地推廣非年節旺季的創新消費型式,刺激本來不買該傳統產品的年輕族群消費,帶動網購新通路市場的發展,雖然

中間歷經幾波的大環境不景氣，但我們成功地讓這項本該萎縮的傳統年節食品，翻身倍數擴張消費。因為市場變大了，當然輔導個案的 OBM 有了伸展的舞臺空間，代工客戶也因分到成長的甜頭而不再反彈輔導個案的自創品牌，至於 ODM 業績順勢大幅擴張當然是背後最大的收割者囉！品牌的目的在創價，要讓 ODM 與 OBM 營收同步成長，品牌經營的 know-how 絕對是門道！

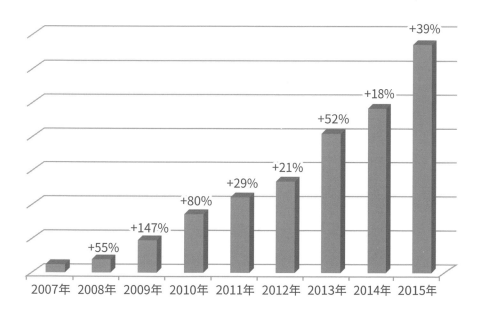

【問題四】放下它→
甭過度相信書上寫的品牌操作模式

　　坊間有許多書在談品牌經營,學校也有許多老師在教品牌課程,他們講的或許都沒錯,但別人成功之道卻未必能套在貴企業身上,原因無它,貴企業與書上成功的案例有太多背景條件不符了,諸如:所處的大環境、社會趨勢、生活潮流、國度文化、產業法規、企業資源、競爭壓力、目標客層、消費能力等等;沒人說品牌經營一定非得 B2C 不可,且別忘了有工廠資源的製造業一定要追求有經濟規模的 B2B 經營模式才划算,筆者曾輔導多家類觀光工廠,我們以服務 B2B 客戶來規劃參觀內容,其投資報酬都能遠勝於檯面上大多數以 B2C 為訴求的認證觀光工廠。故他山之石可以借鏡,但千萬不能隨便套用啊!

　　在新產品研開發的技法有所謂的 VA/VE 價值分析與價值工程(Value Analysisi & Value Eegineering),這是許多製造業耳熟能詳的事,談的是透過適性設計來產出最佳化的產品。可惜的是VA/VE 價值分析與價值工程在臺灣被許多業者誤用淪為只有訴求Cost-down 的方案,白白浪費了這樣一個好工具。

　　我們在品牌經營輔導上也是倣效 VA/VE 這樣地手法來推動適性化的「品牌價值工程」,透過「經營診斷」來了解企業發展品牌的目的、資源與限制,擬定「品牌經營策略」來規範品牌發展方向

並趨吉避凶，站在顧客端來思考如何創造消費利益的**「品牌賣點強化」**價值，善用Ｅ世代的溝通工具**「網路優化」「議題創造」**等等，來建構能引客至官網或店面消費的最佳化品牌經營效益。例如：規模不大的水五金工廠，透過「品牌價值工程」的輔導模式，創造出該品牌在臺灣水五金產業的高度與 Google 搜尋的能見度，讓他成為國內建商搜尋好品質水五金產品及海外廠商來臺尋求代理合作的首選，亦成功的完成品牌海外授權輸出與取得產品外銷訂單。

　　「品牌絕非企業目的，只是行銷的手段！」想通了這一點，學會了品牌心法，您就不難發現無論是製造業或服務業要發展自有品牌應該是非常有活度和彈性的，隨時能因應市場變化來見招拆招，再也不至於被學理的標準招式給綁手綁腳了！

後記 2

跨界思考的
品牌價值工程

　　想讓品牌進化，就必須先學會如何跨越既有的思考界限，打破既成印象的框架，大膽地從不同產業面來探討需求性、可行性與價值性，這樣才能夠讓品牌無拘束地進化與成長。

【跨界思考 model 1】
我們擁有什麼不重要，給顧客要的才有價值

　　臺灣的產業歷經幾十年來的製造與研發實戰，最不缺乏的就是擁有好技術與好產品，最缺乏的卻是如何將這些好技術與好產品變成現金回來。要解決這樣的瓶頸並不難，只要您願意放下製造本位主義的思考模式即可。例如：一堆擺放在木材工廠的木頭，會變成什麼產品？木材工廠當然是將好材裁切成一片片「木板」來賣，不能裁切的廢材就當柴燒，但您可知這些朽木在從事花藝者的眼中，可是千金難求的高格調「花器」耶！同樣的，這些木頭在傢俱廠眼中看到的是「生活櫥櫃」，文創業者也許會將它雕刻成「佛像藝品」。所以，**「跨界思考」**未必需要改變它是木頭的本質，而是透過應用端的思維將它的使用價值昇華到另一個不同的境界。

當您能養成這樣的思考習慣時，就不難解決臺灣眾多企業的當務之急：「好創意如何變成好生意？」、「好產品如何找到好顧客？」但，通常在本業浸潤越久、越專業的人越難「跨界轉念」，這時就會需要外部顧問來協助導入跨界思維了！

【跨界思考 model 2】
價值工程是以創價來賺錢的，絕非 Cost-down

價值工程（Value Analysis & Value Engineering，VA/VE）的奧義在於「把錢 or 資源用在刀口上，來獲得最佳化的客戶滿意度」，故如何**「用對的資源」**、**「在對的時間」**和**「對的地點」**、**「做對的事」**並服務**「對的客戶」**，方能在有限的資源下創造出最高的產值。以生活周遭常見的泡綿材料為例，打造一顆「寶寶好眠枕」賣給新手媽媽，它可以創造出來的期待價值與銷售價格絕對高於數十顆填充泡綿枕，不是嗎？

我們都知道新產品開發是企業經營的重要命脈，在 OEM 的年代，新產品需求資訊幾乎都來自客戶端，但在 ODM 與 OBM 為重心的現在，只要願意靜心下來聆聽、善用市場情報與資料分析、依在手資源展開配套與風險評估，我們周遭是存在許多新產品開發的指路明牌的，請勿忽略它的存在。

活意行銷學：Mickey Function

經營目的

顧客需求

環境分析、市場研究
全球/政治/經濟/法令/產驗/趨勢

競爭力SWOT

選擇目標市場

消費行為研究

4P行銷策略擬定
產品/通路/推薦/定價

執行

資源

風險

　　若在規劃新產品時能將以下的情報或變因納入考量，「經營目的」、「顧客需求」、「環境分析」、「市場研究」、「競爭力SWOT 分析」、「選擇目標市場」、「消費行為研究」、「配套資源」、「風險評估」等等，開發出一款好賣的且高利潤的產品其實很簡單！

　　想一想，在上述的情報蒐集項目中，自己是否遺漏了哪幾項呢？

【跨界思考 model.3】
我們現在要開發的是「未來」要賣的產品

　　有句俗話：「來得早，不如來的巧。」NOKIA 首支類智慧型
手機誕生在 1998 年行動上網未普及的年代，註定了它的失敗命運；
「一著不慎，全盤皆輸」，Kodak 慢半拍數位化的後知後覺也讓
大好江山一去不復返；而手機中拍照功能的提升及修圖 APP 的發
展，又讓正要蓬勃發展的數位相機瞬間失去舞臺。在如今科技與生
活快速變遷的時代，許多新技術、新觀念兩三年內就會有更新，潛
在的競爭者、替代者也有可能隨時伺機竄出，因此我們在規劃新產

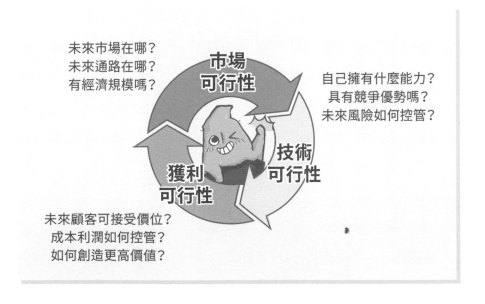

品時，就必須思考上市當下的市場消費與競爭環境，將開發期間內的市場變因納入評估，才不致於開發出一款讓競爭對手恥笑的「過時新產品」！

　　跨界思維就是一種「拋開製造導向本位主義，以顧客為本服務導向」的轉念思考，但務必將「市場可行性」、「技術可行性」及「獲利可行性」納入評估，先探討推動執行的達標機率後再付諸行動，絕非無所本、無的放矢的創意思考，否則再好的創意不僅無法變成生意，更可能變成無法挽救的「創傷」。若您不知該如何轉，就來找我們聊聊吧！

後記 3

如何找到好的
品牌設計師？

　　在某個企業家的聚會中，聽到幾位老闆們在討論某家知名的設計公司，談的都不是好消息。例如：經其設計包裝的產品都叫好不叫座？相當難溝通？承製的廣告都沒效？設計期都要拖很久？某某知名品牌已經不和它合作了？等等。言下之意似乎這家設計公司一無是處、騙了許多業主！問題出在哪邊？好的品牌設計師真的這麼難找嗎？首先，我們要釐清幾個問題：

Q1. 您了解設計師嗎？

　　術業有專攻，設計的領域也是相當廣泛的，您是否清楚設計師的專業產業領域呢？平面設計≠包裝設計≠廣告設計≠媒體採購≠室內設計≠建築設計≠工業設計；每位設計師都有他的專長及風格，也有他的能力限制（例如：會設計高級精品的設計師，不一定能畫出可愛的公仔娃娃圖），鮮少有十項全能的設計師。如果您能在該設計師的專業領域中善用他的優點，當然可以如魚得水、事半功倍囉！否則，雙方就得辛苦去磨合磨合了！

Q2. 您找設計師做什麼？
設計品牌視覺、包裝還是經營市場？

有句話說：**「找對的人做對的事」**，一個品牌設計師的本職學能在「視覺設計」非「市場營運」，他不可能比您更清楚公司的經營規劃與市場需求，您要很清楚賦予他的使命是哪一段的任務工程才行。若您期待全權委託設計師能幫您開發商品、經營市場、採購媒體、應付競爭、獲利賺錢的話，無疑是緣木求魚，還不如把這些預期的投資拿去買樂透，或許中獎獲利的機率會更高些！

Q3. 設計師如何溝通？

如果您能清楚的提出設計需求、方向與規格，並把這些需求當做未來審稿的雙方溝通檢核點，並尊重設計師的設計專業，雙方面其實是可以合作愉快的。但如果事前沒有明確的需求，或者需求方向改來改去，甚至直接介入設計指導，以外行來領導內行，當然很容易就會有火花爆出！至於一位資深的設計師也應該先做足與業主溝通的設計規劃，而非靠創意直接動手做設計，這樣才不會白做許多工！

Q4. 好的設計師的作品會大賣嗎？

別忘了，設計只是產品規劃的小小一環而已，產品規劃也只是行銷的一部分。別家成功的設計案，成功的原因還包含整體的行銷配套與執行，況且該設計風格也不一定適用在自己的經營環境內。好的設計必須要有好的產品為基礎，再搭配好的行銷來推廣，才會有機會大賣，也不會浪費設計師用心設計的好作品。所以，產品能否賣的好 99% 是自己的責任，設計師收的設計費用並不包含市場產出保證！

Q5. 直接找設計師會比透過廣告公司、顧問公司來發包的便宜嗎？

設計的收費標準落差頗大，與設計師的知名度及功力有關，但非絕對正相關。大部分設計師負責的是品牌規劃最後階段的視覺呈現之設計作業，他無須像正規的廣告公司、顧問公司須要作市場研究、消費者調查、經營診斷、競爭分析、策略規劃、問題因應等分析與戰略推演，少了這一部分的成本，通常會較便宜才對，一分錢一分貨，就看什麼是您真正需要的！

所以要如何找到一個好的設計師？得先問自己是否是個稱職的客戶囉！

後記 4

不可不知的
品牌行銷術

　　這是一篇品牌異言論，心臟不好的人請不要往下看。在閱讀這一篇文章前，先考大家一個簡單的常識性問題：「是 A. 先有好生意才會有好品牌？還是 B. 先有好品牌才會有好生意？」您的答案會是哪一個呢？

　　過去半世紀，臺灣的中小企業以代工起家，當中國大陸、東南亞、南亞、中南美洲等新興國家的陸續竄起，長久以來依賴代工生存的臺灣面臨到代工市場的流失與代工價值的被壓縮，1992 年當時的宏碁電腦董事長施振榮先生在《再造宏碁：開創、成長與挑戰》一書中所提出的企業競爭戰略「微笑曲線」（Smile Curve），其中提及品牌＆行銷是布局全球競爭策略與創造價值的絕對重要一環。經其登高一呼後，全臺灣產、官、學開始熱衷研究品牌、設計品牌、推動品牌，品牌毅然成為想要經營企業的必修顯學，2009 年臺灣在國家六大新興產業之「文化創意產業」政策的推波助瀾之下，不管是從學界的教導上、從媒體的渲染上，發展品牌已譁然成為事業經營不能或缺的首要任務。但是，您是否能清楚地一一盤點道出自己為何會想要發展**「品牌」**的原因？您是否能清楚地一一盤點道出自己發展**「品牌」**的方向？您是否能清楚地一一盤點道出自己經營**「品牌」**的投資效益？

　　我們必須面對一個不願承認的真相，經過調查，絕大部分的人

搞不清楚自己為何要發展品牌,絕大部分的人不知道發展品牌賠錢的機率大於賺錢!絕大部分的人不知道發展品牌必須在心理及物資上都得長期抗戰!最糟糕且占最多的答案卻是,要發展品牌其實只是人云亦云,您也是這樣的狀況嗎?許多人對品牌的想像猶如海市蜃樓的夢幻,過往在品牌上賠錢的失敗者根本不曾了解品牌為何物,甚至到退場時還不知道到底發生了什麼事,大家對品牌的逐夢心理應和了現今臺灣最盲目的 **「蛋塔效應」** 現象!

　　有人問:「經營品牌的路要走多久才會看到效益?」看過市場上許多幻生幻滅的知名品牌(例如:NOKIA、HTC……)之後,我們必須用句非常老實且務實的話來告訴每一位想發展自有品牌的事業經營者,在懷胎多時生下小孩(品牌)之後,總會幻想這個小孩(品牌)呱呱落地就馬上會上班、工作、賺大錢來孝敬自己。然而殘酷的事實卻是,我們必須先當好「孝」子角色來養育這個新生的小孩(品牌),從嗷嗷待哺期的嬰兒,到天真無知的幼童,到個性啟蒙的青少年,最後才會到得面對社會現實壓力的成年人等各人生歷程階段。這個不為人知的餵奶、砸錢、瀝血等當父母之艱辛歷程短則數年,長者十多載,但即使如使努力賣命,卻也無法保證小孩(品牌)能夠說順利長大成為會賺錢養家的有志青年,有可能中途遇到某些不可控的狀況而提早成為天上的小天使,有可能慘遭市場競爭霸凌而失去鬥志,也有可能長大後成為依然需要跟您伸手要錢花的啃老族。所以奉勸所有有志發展自有品牌的朋友們,取個好聽的名字、設計好 LOGO 圖騰、搞好漂亮有質感的文創包裝這些

200

都只是品牌經營的最簡單與最基礎工作而已，真正的重點與挑戰難度在於小孩（品牌）生下後的養育（推廣行銷）。

　　有句話說：「如果你要陷害一個人，就叫他去玩品牌吧！」這句話並非叫大家放棄經營品牌，而是在提醒大家「生人」勿近品牌。想搞清楚什麼是品牌，我們可以從品牌的由來探究竟與考古；「品牌」Brand 一詞源自於北歐文字「brandr」，係在放牧的時代牲畜主人為了用來標記與識別動物的方式，乃是加以烙印之意。經過千百年來社會型態與商業模式的不斷演進，人們互通有無的做生意的方式從以物易物到貨幣價值的認定、從有形的產品到無形的服務，品牌已從**「看得到」**的烙印進化成為**「心中」**的烙印。故完成看得到的品牌設計只是出發點，接下來我們必須不斷透過視覺、聽覺、味覺、觸覺、嗅覺等等的上線操作，以加強消費者對品牌認知的價值，累積強化、增加消費者內心中對品牌的信任度與依賴度。品牌的經營與行銷是一項大工程，或許有許多人會認為只要上大眾媒體打打廣告就能將品牌行銷出去，但在媒體分眾的現今社會，依據經驗統計這樣正式的廣告操作必須投入的經費至少要新臺幣在 1 ～ 3 千萬元以上才能產生效益；僅中小企業或是微型企業規模的我們，請面對自己口袋深度的現實問題，規劃更踏實的其他品牌行銷術比較實在。

　　在坊間有許多論及品牌行銷之道的書籍，有空應該多加參考取經、擷取別人成功的經驗，但請別百分之百照抄別人的做法，因為

大家的產品、目標客層、所在環境皆不同，而且真正經營的幕後故事與 know-how 是不會輕易曝光的，這些幕後的經營與行銷眉角才是我們真正要吸收的，盡信書會害死您的！

在彙整所有的成功與失敗案例之後，我們可以發現品牌行銷的竅門就跟談戀愛一樣，只有兩件事，就是「推 push」與「拉 pull」：

1. 「推 push」者就是將我們的產品向顧客推薦，因此創造與提出獨特性賣點 USP（Unique Selling Proposition）是首要的任務，請好好盤點一下您要對顧客訴求的產品之獨特性賣點 USP（從顧客的利益角度來談比競業更優質化、更價值化的銷售主張）會是什麼？

2. 「拉 pull」則是透過宣揚我們提供的好處來吸引顧客上門光顧，因此在盤點出獨特性賣點 USP 之後，接下來我們必須抓住顧客的消費行為路徑模式 AISDAS 來推動有效的價值化行銷活動，想一想：

- 您要如何引起目標顧客注意到我們品牌的存在（Attention）？
- 注意到我們品牌存在後，要如何讓目標顧客對我們的品牌感到興趣而願意靠近過來（Interest）？
- 現在的消費者接下來的習慣動作，會先查詢品牌的相關資料

和口碑，我們要如何讓他們找到更進一步的資訊與好的消費
印象口碑（Search）？

・當顧客信任我們的品牌之後，要如何勾引他們產生擁有我們
品牌的渴望（Desire）？

・進而如何刺激與提供能讓顧客立即消費的服務行動
（Action）？

・最後，如何讓已消費的顧客成為我們的最佳代言人，藉
由口碑行銷來將我們品牌的好分享給他周遭的親朋好友們
（Share）？

　　生活在網路時代，請再盤點一下自己在行銷品牌時，是否有哪步驟需要再加強的？

　　您知道品牌行銷和產品行銷的差異性在哪嗎？產品行銷在賣的是產品的成分和功能，品牌行銷賣的則是消費的體驗與認同感。換句話說，品牌賣的是顧客的認知價值。創造品牌價值的方法在於滿足顧客的需求，品牌行銷是在為產品創造與提升出無形的價值加值，因此在著手行銷品牌時，我們必須釐清楚品牌經營的五大核心任務目標：

　　1. 阻礙他人進入我們已在經營的市場。
　　2. 與客戶及終端顧客建立起溝通共同語言。
　　3. 培養潛在顧客對我們品牌的好印象與偏好。
　　4. 可以賣出更好的價錢、更多的營收。
　　5. 累積企業投入的資源延續到未來的新產品上。

　　請再一次檢視自己的品牌行銷手法有掌控到上述五大核心任務目標的幾項了？

　　曾聽到有人說「行銷，就是要建立品牌」、「品牌是企業經營的終極目標與宗旨」。您同意嗎？很抱歉，品牌並沒有大家想像那麼偉大，「行銷」是企業經營五管（生產、行銷、人事、研發、財務）中的一環，而「品牌」只是市場行銷的過程與手段；企業經營

的目的唯二「獲利」與「永續」，並非「品牌」，所以品牌個性和
企業的個性之間亦非等號，否則多品牌的操作以及品牌的買賣等眼
前事實就不會存在了！對企業經營而言，品牌是一種市場經營及競
爭的策略工具，它不是起因，也不會是終果，它只是個過程而已。

1. 一個品牌可以代表一種產品或服務，也可代表一大類產品或
   服務，例如：Apple vs. Samsung，它同時肩負著進攻顧客
   與防堵競爭者的雙重使命。

2. 品牌是有別於其他競爭對手的產品及服務或一類產品及服務
   的名稱、特性、質量、商標、標識、設計、偏好與滿意度的
   組合，例如：TOYOTA vs. HONDA，透過這樣的組合來創
   造出市場的競爭優勢。

3. 品牌有助於目標消費者用來識別產品、判斷質量、打消疑
   慮、並獲得因與品牌聯繫起來而產生的好處，比如身分、地
   位、情緒，例如：Louis Vuitton vs. LACOSTE，從而創造
   出品牌的加值價值與消費價格。

4. 品牌是行銷的過程、手段、方法，故品牌操作可以隨著時間
   的推移而自然產生，也可以重新創立或變更外觀、個性或
   訴求定位或消滅，所以品牌行銷操作就可以很有彈性！難
   以置信嗎？那就請觀察全球速食龍頭麥當勞 McDonald's 為
   何敢將品牌主識別色由黃色改為黑色，Microsoft 完成併購
   NOKIA 後卻願意放棄曾笑傲手機市場一時的 NOKIA 品牌
   名。

　　「品牌只是行銷過程與手段，不是目的！」品牌行銷的目的是
為了創造出更高的消費價值，所以「競價」與「創造出更高的消費
價值」是背道而馳的錯誤做法，當顧客為價格而來時，也自然會隨
時為價格而劈腿變心於小三，這樣的顧客根本無品牌忠誠度可言，
大家都已觀察到訴求天天最低價的家樂福與要收會員費的 Costco
兩者間的生意差異。所以請大家務必牢記：拼價格就甭談品牌囉！

　　真正高竿的品牌行銷觀念是「品牌是要給顧客用的，並非給自
己爽的」，從顧客眼中反射出的、從顧客嘴巴講出來的才是品牌真
正樣貌，您做到了嗎？

【品牌價值工程】
一條龍的品牌創新服務

品牌規劃

A. 具競爭力的品牌經營策略與定位(STP)
B. 易傳播且可註冊商標的品牌命名

品牌育成

C. 能放大投資效益的獲利商模規劃
D. 易吸睛的品牌視覺設計(VI)
E. 易傳播的品牌行銷訴求(Slogan)
F. 易建立印象的品牌故事(MI)
G. 具消費利益的品牌商品規劃與包裝

品牌經營

H. 有效銷售通路的評估與建立
I. 市場開發的經營戰術規劃
J. 品牌行銷人員的教育訓練
K. 價值化的銷售話術規劃
L. 與顧客溝通的品牌經營助成物設計
M. 具引客力的傳播話題創造與行銷活動規劃
N. 具傳播擴散力的網路行銷與媒體公關
O. 品牌忠實顧客關係深耕與維護

【渠成文化】Brand Art 003

reBrand 品牌進化實務
企業創新轉型新契機

作　　者	高培偉
圖書策劃	匠心文創
發 行 人	陳錦德
出版總監	柯延婷
專案編輯	黃志誠
執行編輯	許碧雲
編審校對	蔡青容
封面協力	L.MIU Design
內頁編排	邱惠儀
美術協力	張雅芸
E-mail	cxwc0801@gmail.com
網　　址	https://www.facebook.com/CXWC0801
總 代 理	旭昇圖書有限公司
地　　址	新北市中和區中山路二段 352 號 2 樓
電　　話	02-2245-1480（代表號）
印　　製	上鎰數位科技印刷
定　　價	新台幣 380 元
初版一刷	2021 年 5 月

ISBN 978-986-98565-4-6

國家圖書館出版品預行編目（CIP）資料

reBrand品牌進化實務：企業創新轉型新契機 /
高培偉著. -- 初版. -- 臺北市：匠心文化創意行銷,
2021.05
　　面；　公分
ISBN 978-986-98565-4-6（平裝）

1.品牌 2.企業經營

496.14　　　　　　　　　　　　109004452